NussKnacker

Mein Mathematikbuch

2. Schuljahr

Herausgeber
Peter Herbert Maier, Karlsruhe

Autoren
Frank Lippmann, Auerbach/Vogtl.
Peter Herbert Maier, Karlsruhe
Uwe Neißl, Kraichtal

Berater
Corinna Garlipp, Frankfurt a. M.
Günther Gerstner, Lebach
Gudrun Häring, Binnen
Eva Marie Hirschleb, Weddersleben
Christa Kiszler-Eppel, Langgöns
Jörg Paulke, Pulheim
Monika Schoy-Lutz, Reichenau
Christina Siebert, Wedel
Stefan Siegel, Schemmerhofen
Marita Stettler, Bendorf

Ernst Klett Verlag
Stuttgart · Leipzig

Inhalt

Inhalt

Sonntag
24. Februar
Nora
34 + 40
74 + 24
29
92
50

2 2 4
12
9
3
6
10:30

3 9 6
9
30
8
7
13
14
11

1 Lisa erinnert sich.

Rechne auf verschiedene Arten.

a)

●	●	●	●	●	●	●			
●	●	●	●	●	●	●	●		

b)

●	●	●	●	●	●	●	●	●	
●	●	●	●	●	●				

c)

●	●	●	●	●	●	●			
●	●	●	●	●	●	●			

2

a)

+	3	4	7
3	6		
5			
8			

b)

+	8	5	9
9			
7			
16			

c)
3 + 4 + 6 = ☐
9 + 7 + 3 = ☐
5 + 7 + 5 = ☐
8 + 6 + 2 = ☐

3

a)
5 + 2 = ☐
5 + 4 = ☐
5 + 6 = ☐
5 + ☐ = ☐

b)
7 + 3 = ☐
7 + 5 = ☐
7 + 7 = ☐
7 + ☐ = ☐

c)
7 + 7 = ☐
6 + 8 = ☐
5 + 9 = ☐
4 + ☐ = ☐

d)
4 + 3 = ☐
5 + 4 = ☐
7 + 5 = ☐
10 + ☐ = ☐

2 Beispiel für den Hefteintrag.
2 und **3** Strukturen erkennen und möglichst geschickt rechnen.

1 Paul erinnert sich.

Wie rechnet Paul?

a) b) c)

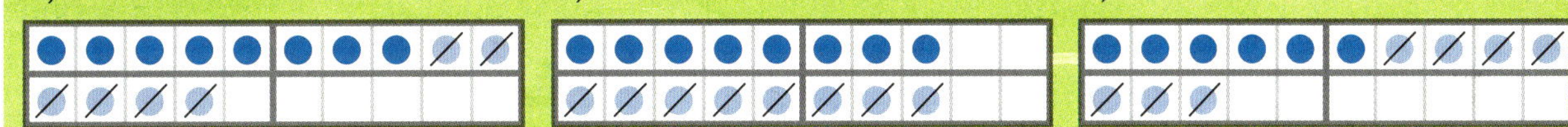

2

a) 14 – __ = 9
12 – __ = 8
15 – __ = 9
17 – __ = 8

b) 9 + __ = 16
5 + __ = 13
8 + __ = 16
7 + __ = 13

c) 15 – 5 – 4 = __
18 – 4 – 8 = __
16 – 7 – 6 = __
17 – 3 – 7 = __

3

a)

–	3	5	9
13			
15			
18			

b)

–	7	4	8
17			
14			
23			

c)

–	6		
12			8
16			
25		17	

4

a) 17 – 2 = __
17 – 4 = __
17 – 6 = __
17 – __ = __

b) 15 – 3 = __
15 – 5 = __
15 – 7 = __
15 – __ = __

c) 18 – 3 = __
17 – 4 = __
16 – 5 = __
15 – __ = __

d) 20 – 8 = __
19 – 7 = __
17 – 8 = __
14 – 7 = __

3 und 4 **Strukturen erkennen und möglichst geschickt rechnen.**

1

Nutze die Tauschaufgabe.

4	+	9	=		
9	+	4	=	1	3

4 + 9 | 5 + 8 | 6 + 7 | 5 + 7 | 4 + 8 | 3 + 8 | 0 + 19

5 + 12 | 6 + 9 | 7 + 18 | 3 + 19 | 4 + 7 | 9 + 14

2

Kontrolliere mit der Umkehraufgabe.

1	5	-	6	=		
		+	6	=	1	5

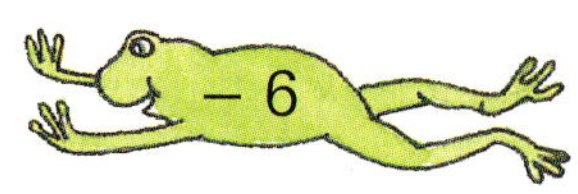

8	9	10	11	12	13	14	15	16

15 – 6 | 12 – 4 | 14 – 9 | 13 – 8 | 14 – 6 | 20 – 9 | 15 – 7

11 – 7 | 19 – 8 | 12 – 7 | 22 – 0 | 24 – 6 | 28 – 9

3 Schreibe Aufgabenfamilien.

	4	+	8	=
	8	+	4	=
1	2	-	8	=
1	2	-	4	=

1

2

3

4

Oliver hat 23 €.
Er fährt mit dem Schiff.
Kann er sich jetzt noch ein Flaschenschiff kaufen?

5 Stelle Fragen und löse.

Herr und Frau Kastner möchten von Sassnitz nach Göhren fahren und zurück laufen.

Oliver, Leon und Ron fahren mit dem Fahrrad nach Sassnitz. Zurück nach Göhren geht es mit dem Schiff.

Frau Huber fährt mit ihrer Tochter Meike von Sassnitz nach Göhren und wieder zurück.

6 Erfinde Aufgaben für die Sachrechenkartei.

15 € – 7 €

7 € + 7 € + 4 €

12 € + 6 €

20 € – 18 €

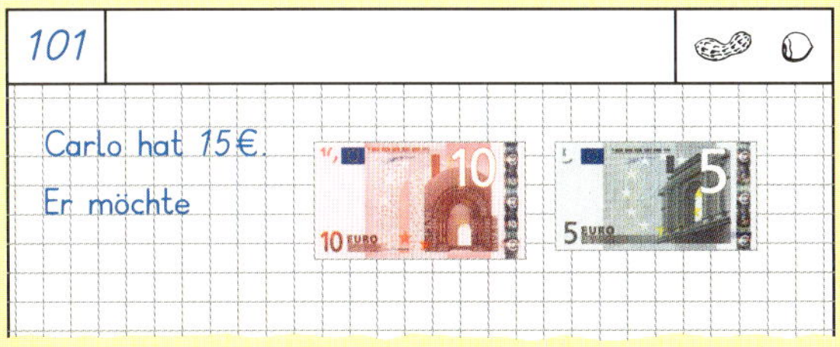

1 bis 5 **Informationen aus Bild, Schaubild und Text entnehmen. Zu den Rechengeschichten Gleichungen finden und lösen. Lösungswege beschreiben.**

1

2

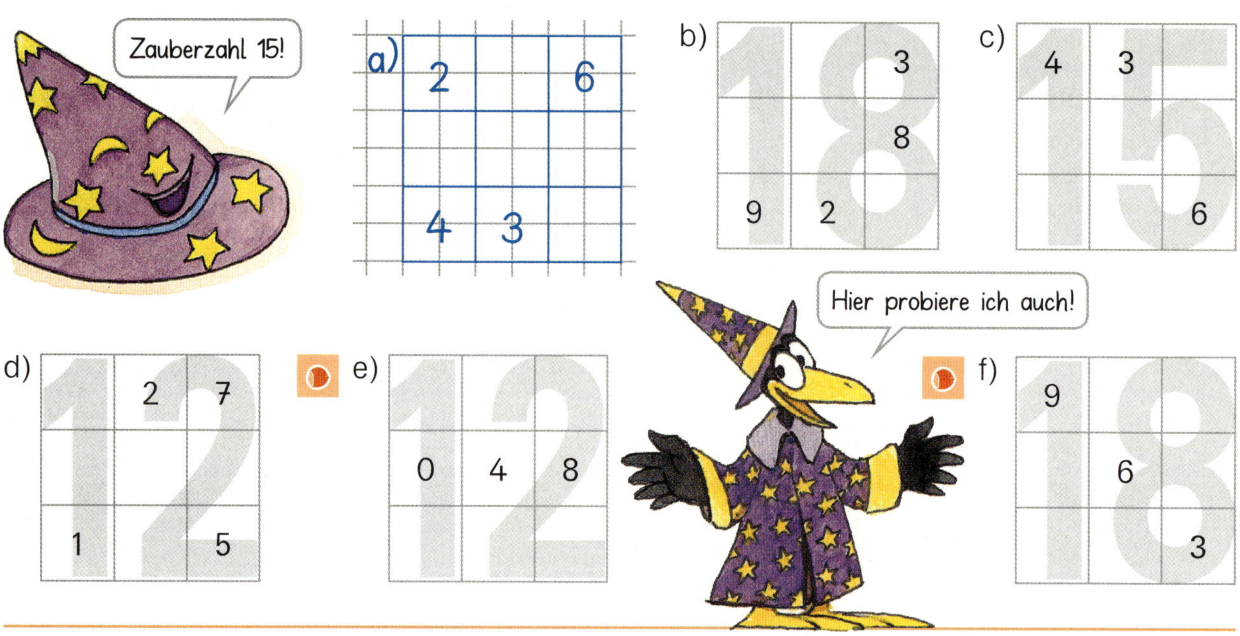

3

1 bis **3** Kopiervorlagen nutzen. Alternativ zeigt jeweils die erste Aufgabe, wie das Aufgabenformat ins Heft übertragen werden kann.

1

2

a)
15 + 2 =
16 + 2 =
17 + 2 =
18 + 2 =

b)
11 + 2 =
12 + 3 =
13 + 4 =
14 + ☐ =

c)
11 − 2 =
11 + 3 =
11 − 4 =
11 + ☐ =

d)
19 − 1 =
18 − 2 =
17 + 3 =
16 + ☐ =

e)
18 − 8 + 1 =
17 + 7 − 2 =
16 − 6 + 3 =
15 + ☐ − ☐ =

f)
16 − 8 =

g)
15 − 5 + ☐ =

3

a)

5 + 4 + + 3 + 6	+	
+		

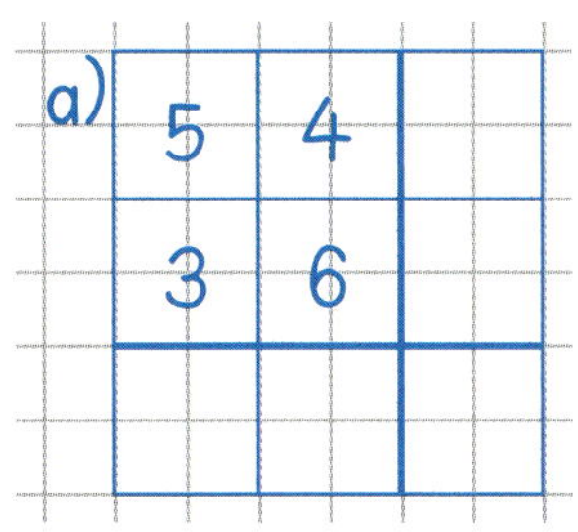

b)

+ 3 + + 12 + 1	+	
+	19	

c) Fehlersuche: Welche Zahl stimmt nicht?

2 + 9 + + 5 + 1	11 + 6
7 + 10	15

9 + 2 + + 3 + 5	11 + 8
13 + 7	19

4 + 8 + + 7 + 2	12 + 11
13 + 10	23

1 Möglichst viele Plusaufgaben mit vorgegebenen Zahlen in festgelegter Reihenfolge finden. **2** Aufgabenrollen: Aufgaben rechnen, entdecken und notieren. Unterschiedliche Lösungen bei offenen Aufgabenrollen diskutieren. **3** Verknüpfungstabelle: jeweils 3-mal waagerecht und senkrecht addieren. Beispiel für Hefteintrag oder Kopiervorlage nutzen.

Mit Zehnerzahlen rechnen

1 Zeige Aufgaben am Hunderterfeld auf deinem Buchumschlag.

2

3

a)
3 + 5 = ☐
30 + 50 = ☐

2 + 7 = ☐
20 + 70 = ☐

8 – 3 = ☐
80 – 30 = ☐

b)
50 + 20 = ☐
70 – 20 = ☐

40 + 40 = ☐
80 – 40 = ☐

60 + 30 = ☐
90 – 30 = ☐

4

50 + 10 = ☐
50 – 10 = ☐
50 + 20 = ☐
50 – 20 = ☐
50 + 30 = ☐

100 – ☐ = 90
100 – ☐ = 10
100 – ☐ = 80
100 – ☐ = 20
100 – ☐ = 70

5 Schreibe Aufgabenfamilien.

60 + 20 = 80
20 + 60 =
80 – 20 =
80 – =

1 Aufgaben am Hunderterfeld finden und zeigen.
2 Verschiedene Zahlzerlegungen finden.
3 und **4** Rechnen mit Zehnerzahlen.
5 Aufgabenfamilien bilden.

1

Beschreibe die Euro-Scheine. Welche Unterschiede gibt es?
Finde heraus, was auf der Rückseite der Scheine dargestellt ist.

2

a)

Betrag			
100 €		𝍸	
100 €			
100 €			

b) Lege 50 Euro mit verschieden vielen Scheinen. Schreibe in eine Tabelle.

Betrag	Anzahl Scheine	gelegt
50 €	1	
50 €	2	

3

Jede Rechnung wird mit einem 100-Euro-Schein bezahlt.
Wie viel Geld gibt die Verkäuferin jeweils zurück?

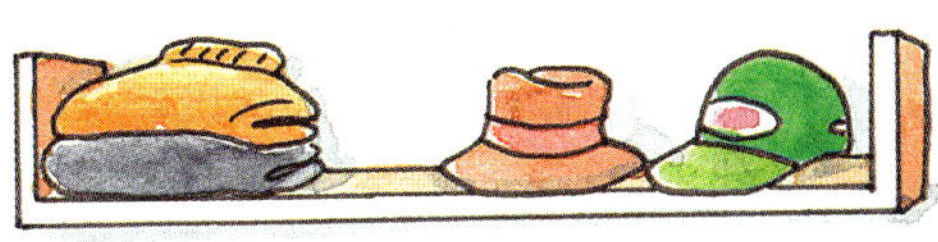

Rechnung
Frau Muster

1 Bluse	10 €
2 Pullover	20 €
1 Rock	10 €

Rechnung
Herr Scholl

1 Jeans	20 €
1 Mantel	50 €
1 Shirt	10 €

Rechnung
Frau Weller

1 Hose	30 €
1 Jacke	40 €
1 Pullover	10 €
2 Hemden	30 €

1 Zum Kennen lernen der Geldscheine Rechengeld verwenden.
2 Gleiche Beträge auf verschiedene Weise legen.
3 Sachsituation besprechen, Lösungsmöglichkeiten suchen, Beträge auf 100 Euro ergänzen.

Zählen und bündeln

1

a) Wie viele Plättchen hat jedes Kind?
Wo konntest du leicht zählen?

b) Legt viele Plättchen auf einen Teller.
Schätzt, wie viele es sind.
Legt und zählt.
Wer hat am besten geschätzt?

2 Zähle. Wie viele sind es?

Zehner	Einer

Z	E

Z	E

Z	E

1 Mit Bündelungen Mengen überschaubar darstellen, dekadisch bündeln und tauschen.

2 Zehnerbündelungen im Bild finden, Anzahl in die Stellenwerttafel im Heft eintragen.

1

2

a)

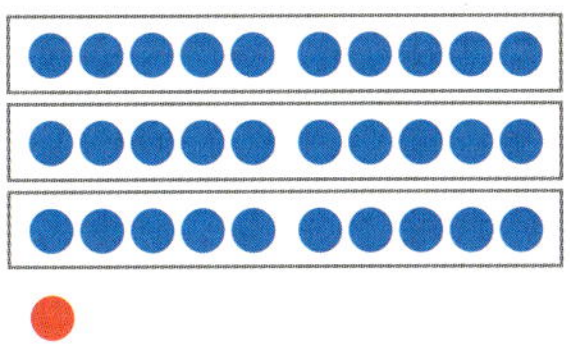

b)

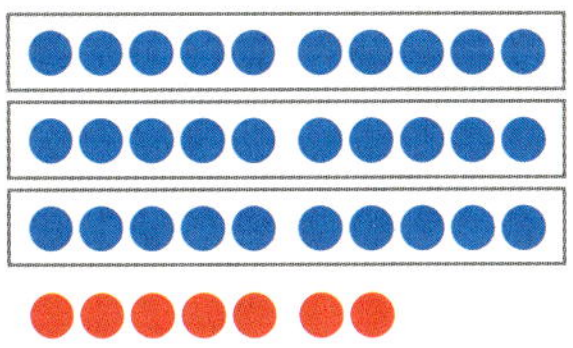

c)

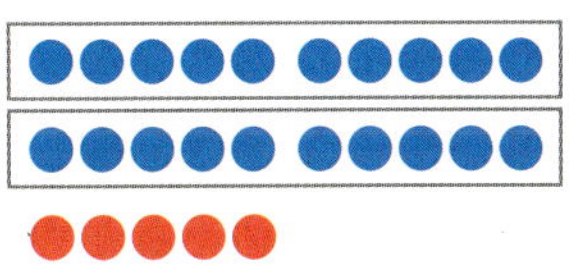

d)

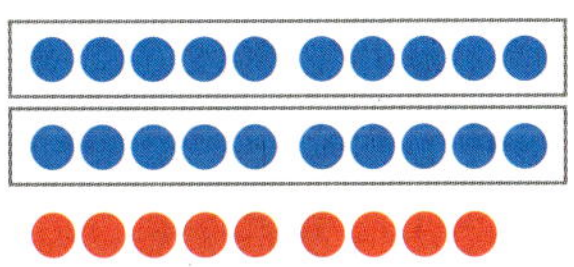

3 Lege.

a)

Z	E
6	1

Z	E
3	5

Z	E
8	0

Z	E
5	8

b)

Z	E
2	7

Z	E
7	2

Z	E
4	9

Z	E
9	4

c)

Z	E
4	4

Z	E
8	8

Z	E
6	6

Z	E
3	3

4 Kinder in anderen Ländern sprechen die Zahl 47 so:

Kennst du noch Zahlen in anderen Sprachen?

5 Lege und schreibe so: 28 = 2 Z + 8 E

a) 28 13 52 89 64

b) 36 60 47 71 88

6 Schreibe in eine Stellenwerttafel.

a) dreiundzwanzig, siebenundfünfzig

b) achtunddreißig, einundvierzig

c) fünfundachtzig, zweiundneunzig

d) sechsundsiebzig, neunundsechzig

Zehner und Einer

1

2

a)

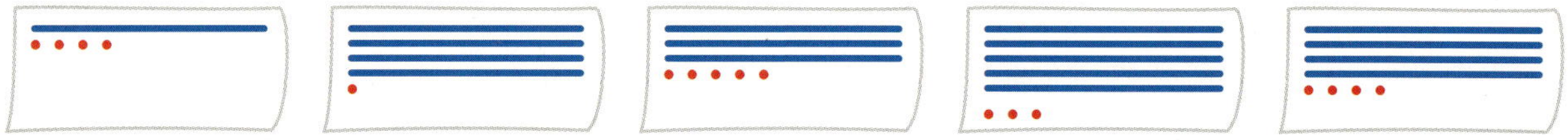

b)

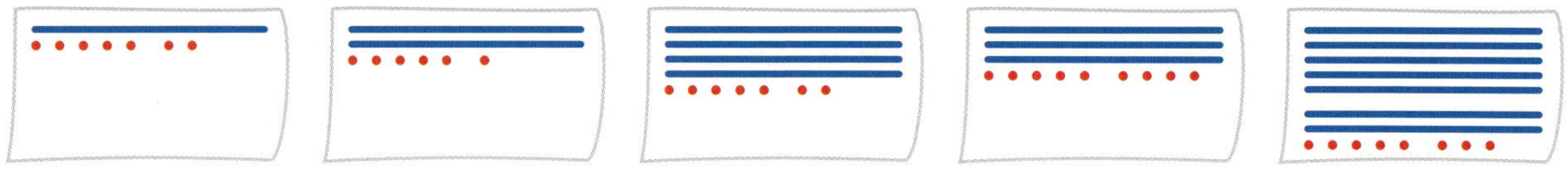

3 Schreibe in Geheimschrift.

a)

Z	E
2	4

Z	E
4	2

Z	E
1	9

Z	E
9	1

b) 13 53 73 93

c) 22 55 16 70

d) 81 74 99 28

e) 5 Zehner und 6 Einer
6 Zehner und 7 Einer

f) 8 Zehner und 3 Einer
4 Zehner und 0 Einer

g) vierundzwanzig, dreiundvierzig
fünfundneunzig, achtzehn

4 Immer das Doppelte!

a)

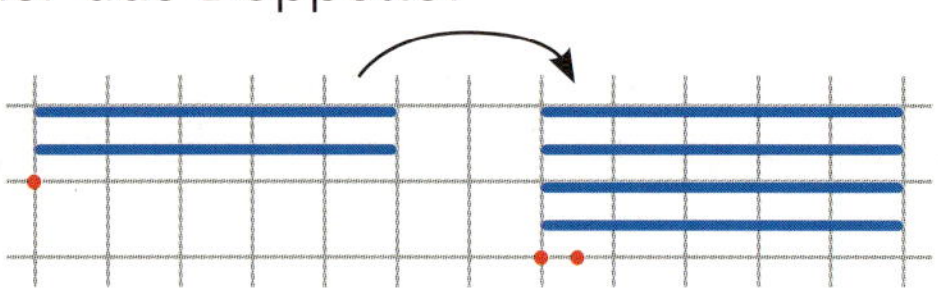

b) c) d) e)

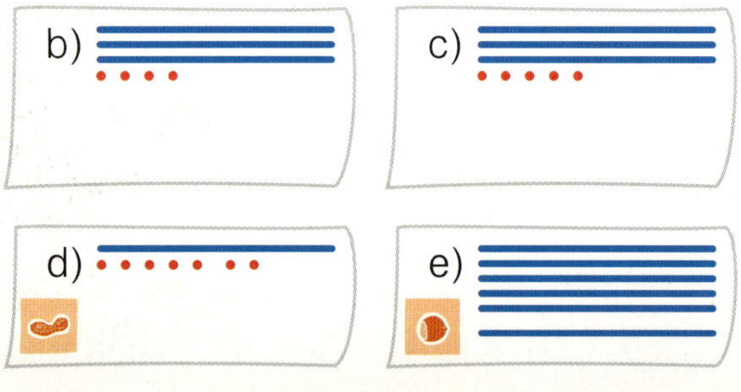

5 Immer die Hälfte!

a)

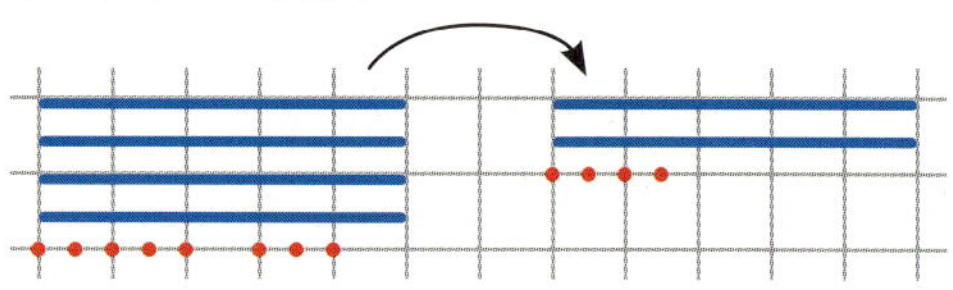

b) c) d) e)

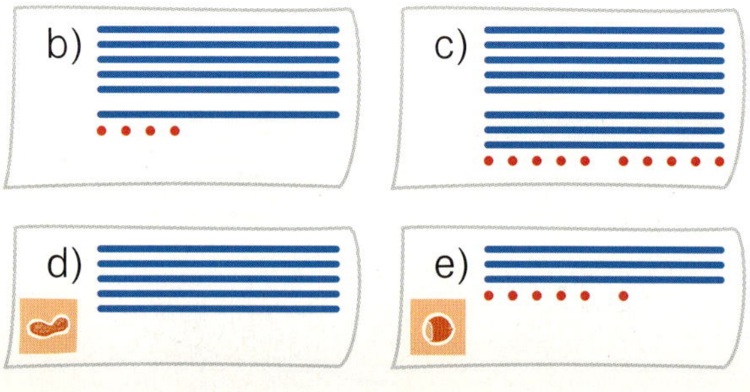

Das Strich-Punkt-Modell (Geheimschrift) zur Zahlendarstellung kennen lernen.
2 Geheimschrift entziffern.

1

a)

b)

c)

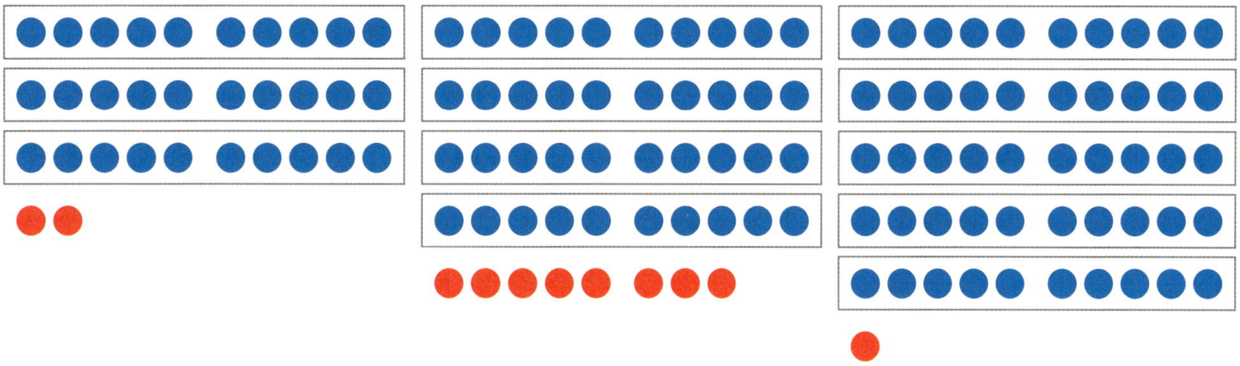

30 + 2 = ___ ___ + ___ = ___ ___ + ___ = ___

2

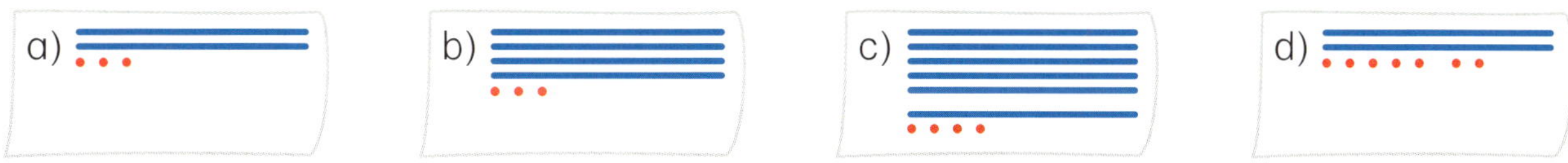

a) b) c) d)

20 + 3 = ___

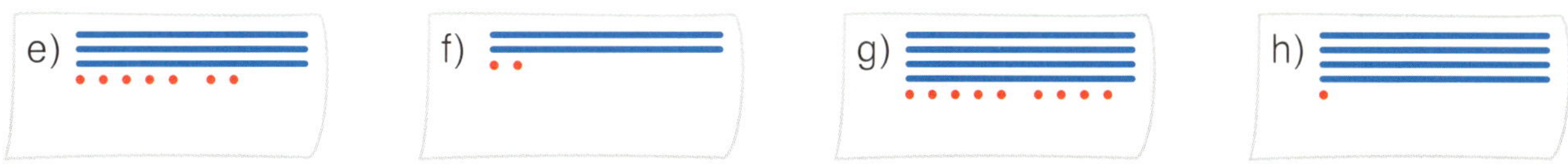

e) f) g) h)

3

20 + 1 = ___	29 – ___ = 20
30 + 2 = ___	38 – ___ = 30
40 + 3 = ___	47 – ___ = 40
50 + 4 = ___	56 – ___ = 50
60 + 5 = ___	65 – ___ = 60

4

Z	E
2	6

2 Z + 6 E = 26
20 + 6 = 26

Z	E
5	5

Z	E
6	7

Z	E
9	4

Z	E
8	3

Z	E
1	5

5

Immer vier Karten gehören zusammen.

Z	E
3	6

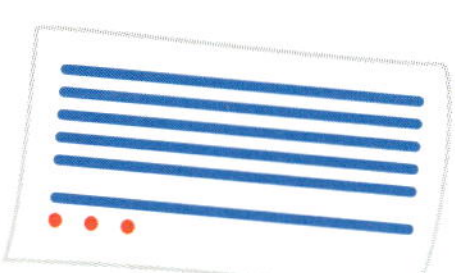

sechsunddreißig

Z	E
1	8

10 + 8

Z	E
9	7

63

97

dreiundsechzig

60 + 3

achtzehn

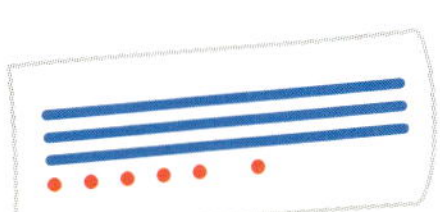

90 + 7

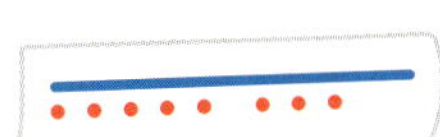

36

1 2 3 4 5 6 7 8 9 10 11 12 13 14 15 16 17 18 19 20 21 22 23 24 25 26 27 28 29 30 31 32 33 34 35 36 37 38 39 40 41 42 43 44 45 46 47 48 49 50 51 52 53 54 55 56 57 58 59 60 61 62 63 64 65 66 67 68 69 70 71 72 73 74 75 76 77 78 79 80 81 82 83 84 85 86 87 88 89 90 91 92 93 94 95 96 97 98 99 100

1

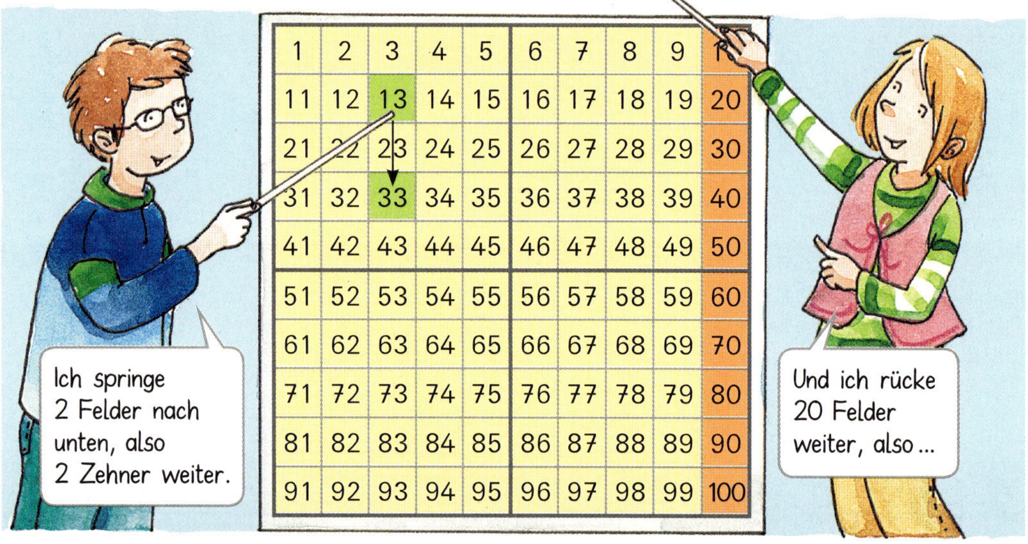

Springe auf der Hundertertafel und auf dem Zahlenband.
Beschreibe deinen Sprung.

a) von der 35 zur 55
von der 61 zur 31

b) von der 62 zur 68
von der 60 zur 51

c) von der 4 zur 14
von der 40 zur 41

2 Zähle und notiere.

79, 80, ...

a) von 79 bis 85
von 37 bis 43
von 68 bis 74

b) von 26 bis 32
von 88 bis 94
von 16 bis 23

c) von 72 bis 66
von 53 bis 47
von 80 bis 75

3 Vergleiche. Zeige am Zahlenband.

a)	b)	c)	d)	e)
12 ☐ 22	96 ☐ 69	17 ☐ 71	15 ☐ 50	28 ☐ 49
67 ☐ 33	24 ☐ 42	100 ☐ 10	56 ☐ 36	39 ☐ 39
48 ☐ 97	56 ☐ 65	57 ☐ 87	93 ☐ 91	77 ☐ 82
25 ☐ 38	81 ☐ 18	98 ☐ 64	52 ☐ 59	82 ☐ 77

4 Ordne der Größe nach.

a) 89 27 11 46

11, 27, ...

b) 29 99 78 6

c) 44 84 54 34

d) 73 86 76 83

e) 59 91 95 19

Zusammenhang zwischen Hundertertafel und Zahlenband kennen lernen.
1 Verschiedene Sprünge vergleichen.
2 Zählen und im Heft notieren.
3 Zahlenvergleiche am Zahlenband zeigen.

1

1	2	3	4	5	6	7	8	9	10
11	12	13	14	15	16	17	18	19	20
21	22	23	24	🔵	🔵	27	28	29	30
31	32	33	34	35	36	37	38	39	40
41	42	43	44	45	46	47	48	49	50
51	52	53	🔵	55	56	🔵	58	59	60
61	62	63	64	65	66	67	68	69	70
71	72	73	74	75	76	77	78	79	80
81	82	🔵	84	85	86	87	🔵	89	90
91	92	93	94	95	96	97	98	99	100

2

Schreibe die verdeckten Zahlen auf.

a)

1	2	3	4	5	6	7	🔵	9	10
11	12	13	14	15	16	17	🔵	19	20
21	22	23	24	25	26	27	🔵	29	30
31	32	33	34	35	36	37	🔵	39	40
41	42	43	44	45	46	47	🔵	49	50
51	52	53	54	55	56	57	🔵	59	60
61	62	63	64	65	66	67	🔵	69	70
71	72	73	74	75	76	77	🔵	79	80
🔴	🔴	🔴	🔴	🔴	🔴	🔴	🔵	🔴	🔴
91	92	93	94	95	96	97	🔵	99	100

b)

1	2	🔴	4	5	6	7	8	9	🔵
11	🔴	🔴	🔴	15	16	17	18	🔵	20
21	22	🔴	24	25	26	27	🔵	29	30
31	32	33	34	35	36	🔵	38	39	40
41	42	43	44	45	🔵	47	48	49	50
51	52	53	54	🔵	56	57	58	59	60
61	62	63	🔵	65	66	67	68	69	70
71	72	🔵	74	75	76	77	🔴	79	80
81	🔵	83	84	85	86	🔴	🔴	🔴	90
🔵	92	93	94	95	96	97	🔴	99	100

c) Erkenne das Muster und lege weiter:

2, 13, 24, 35, …

81, 72, 63, …

1	🔵	3	4	5	6	7	8
11	12	🔵	14	15	16	17	1
21	22	23	🔵	25	26	27	2
31	32	33	34	🔵	36	37	3
41	42	43	44	45	46	47	4

3

Nutze die Hundertertafel auf dem Umschlag. Lege Plättchen auf …

a) alle Zahlen in der 2. Spalte.

1	🔴	3
11	🔴	13
21	🔴	23
31	🔴	33
41	🔴	43
51	🔴	53
61	🔴	63
71	🔴	73
81	🔴	83
91	🔴	93

Schreibe:

2, 12, 22, 32,

b) alle Zahlen in der 6. Zeile.

c) alle Zehnerzahlen.

d) alle Zahlen mit 7 Zehnern.

e) alle Zahlen mit 5 Einern.

f) alle Zahlen, bei denen der Einer doppelt so groß ist wie der Zehner.

g) alle Zahlen, bei denen der Zehner um 3 kleiner ist als der Einer.

1 Zahlen auf der Hundertertafel verdecken und durch Umgebungszahlen bestimmen. 2 Veränderungen von Einern und Zehnern in Zeile und Spalte erkennen. Begriffe „Zeile" und „Spalte" einführen. 3 Zahlen auf der Hundertertafel mit einem Plättchen belegen. Verdeckte Zahlen ins Heft schreiben, durch Wegnehmen der Plättchen kontrollieren.

Aufgaben an der Hundertertafel

1

2

Welche Zahlen fehlen?

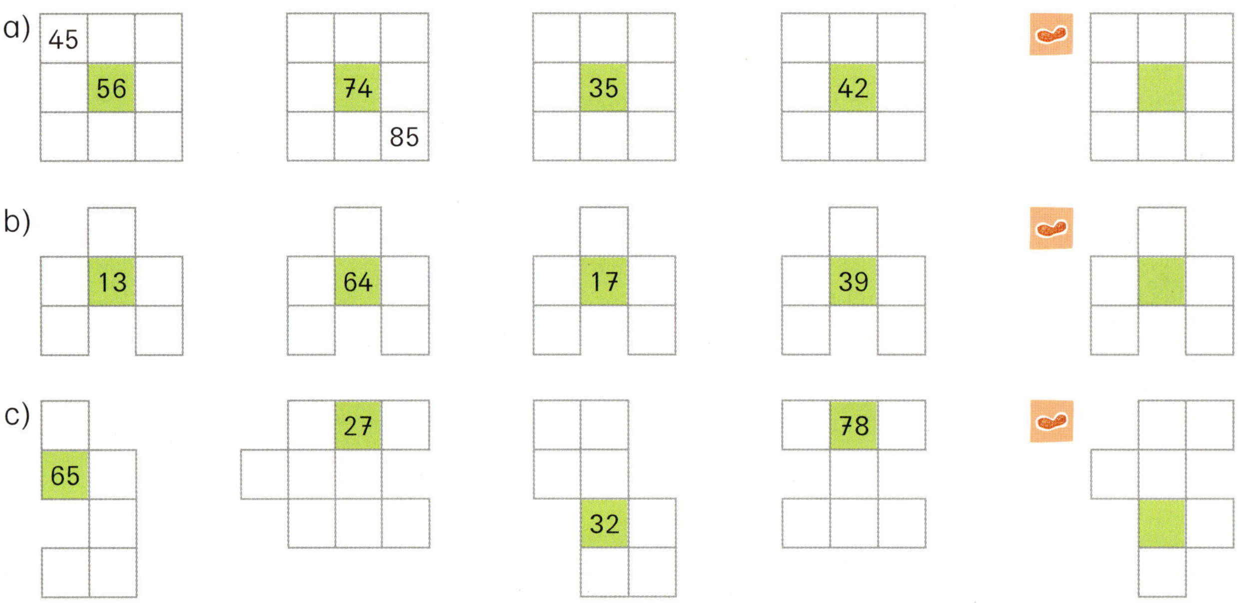

3

Hilf Trax beim Puzzeln. Zeichne in dein Heft.

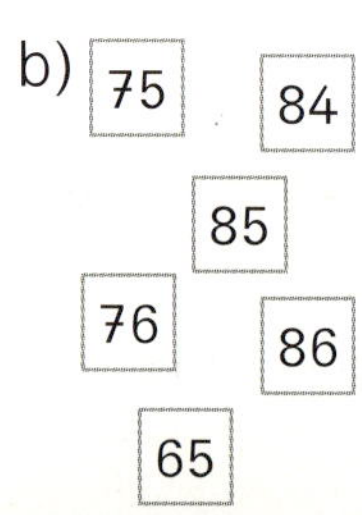

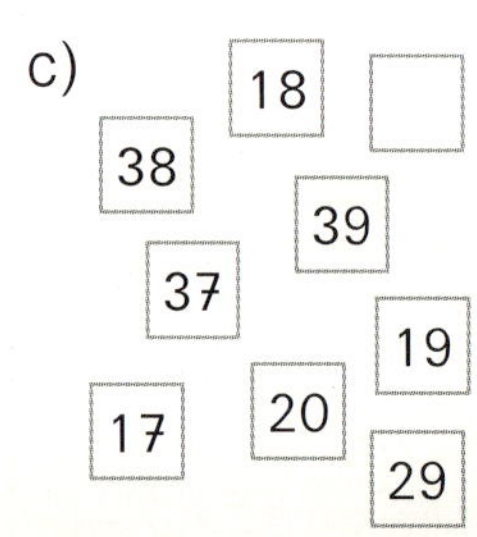

1 und **2** Verdeckte bzw. fehlende Zahlen auf den Puzzleteilen mit der Hundertertafel bestimmen und aufschreiben (Kopiervorlage).

3 Puzzleteile zusammensetzen. Bei c) gibt es mehrere Lösungsmöglichkeiten.

1

a)
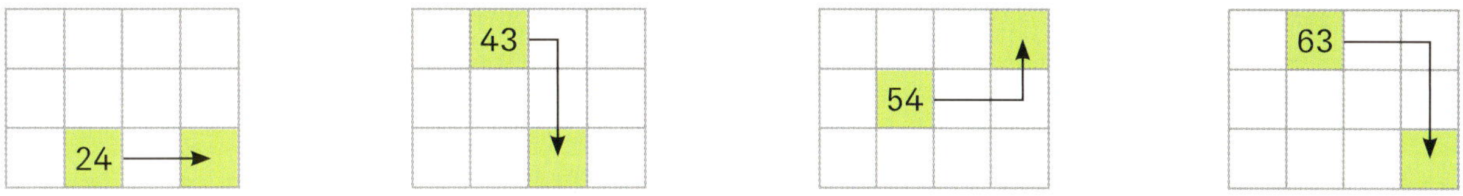

b)
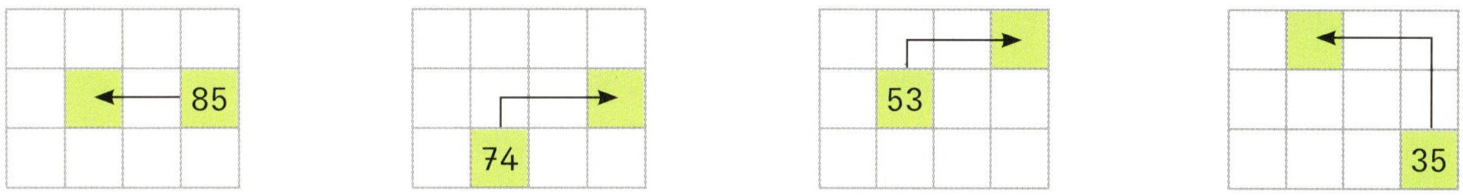

c)
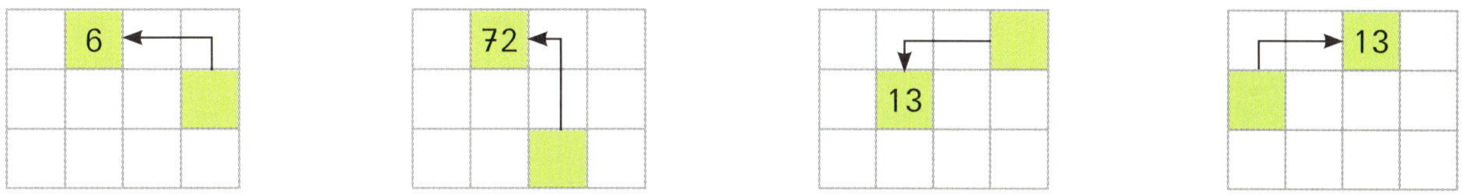

2

Springe auf der Hundertertafel: 35 57 64 76 55

a) 2 Felder nach rechts, 1 Feld nach oben
b) 1 Feld nach oben, 3 Felder nach links
c) 1 Feld nach links, 3 Felder nach oben
d) 3 Felder nach rechts, 2 Felder nach unten
e) 2 Felder nach oben, 4 Felder nach unten, 1 Feld nach links
f) 3 Felder nach rechts, 2 Felder nach oben, 3 Felder nach links, 2 Felder nach unten.

3

Nutze deine Hundertertafel auf dem Umschlag. Starte bei 46.

a) Springe immer 2 Felder weit. Lege rote Plättchen.
b) Lege blaue Plättchen dazu. Springe jetzt immer 3 Felder weit.
c) Lege wieder rote Plättchen dazu. Springe immer 4 Felder weit.

1	2	3	4	5	6	7	8	9	10
11	12	13	14	15	16	17	18	19	20
21	22	23	24	25	●	27	28	29	30
31	32	33	34	35	36	●	38	39	40
41	42	43	44	45	46	47	48	49	50
51	52	53	54	55	56	57	58	59	60
61	62	63	64	65	66	67	68	69	70

1 und 2 Sprünge auf der Hundertertafel nachvollziehen, Start- bzw. Zielzahl erschließen. Sprünge möglichst ohne konkretes Material im Kopf nachvollziehen.

3 Erreichbare Felder bestimmen, es gelten nur waagerechte und senkrechte Sprünge, die Sprungrichtung darf gewechselt werden (auch vor und zurück springen).

1

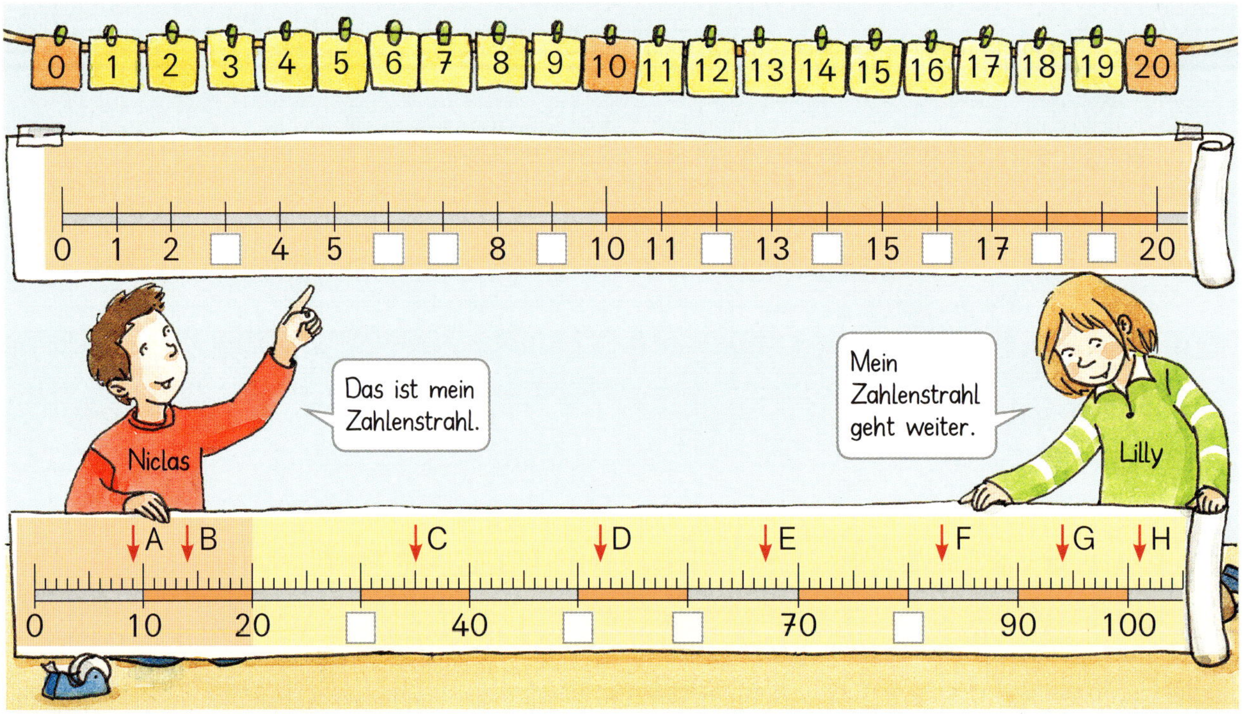

a) Welche Zahlen fehlen an den Zahlenstrahlen? Zeige.
b) Was ändert sich an den Zahlenstrahlen? Vergleiche.
c) Zeige am unteren Zahlenstrahl 13, 28, 41, 55, 74, 89, 92, 102.
d) Auf welche Zahlen zeigen die roten Pfeile am unteren Zahlenstrahl?

A → 9

2

a) Gib Vorgänger (V) und Nachfolger (N) an.

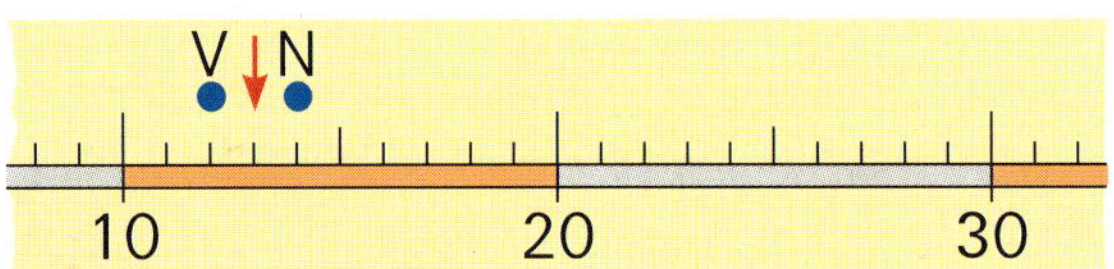

V		N
12	13	14
	23	
	51	
	76	
	95	

V		N
	49	
	60	
89		
		31
70		

b) Wie heißen die Nachbarzehner (NZ)?

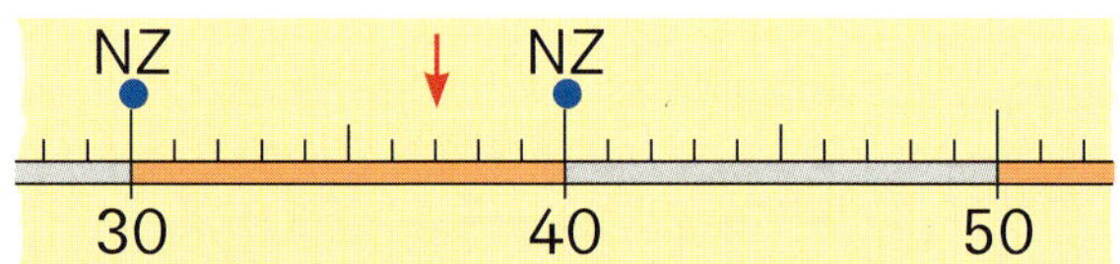

NZ		NZ
30	37	40
	47	
	62	
	79	
	55	

NZ		NZ
30		40
70		80
50		
		20
90		

3

Wie geht es weiter? Setze die Zahlenfolgen fort.

a) 2, 12, 22, …, 72
91, 81, 71, …, 21
9, 14, 19, …, 54
55, 50, 45, …, 5

b) 9, 19, 17, 27, 25, …, 57
86, 76, 80, 70, 74, …, 50
7, 12, 9, 14, 11, …, 19
78, 73, 76, 71, 74, …, 66

1 Zahlenstrahl einführen. Zahlen zeigen und bestimmen. 2 Vorgänger, Nachfolger und Nachbarzehner angeben. Erkennen, dass bei gegebenem Nachbarzehner verschiedene Lösungen möglich sind. 3 Zahlenfolgen einführen und fortsetzen, Zahlenstrahl nutzen. Eigene Zahlenfolgen erfinden.

30 — +4 → ☐ — +5 → ☐ — −9 → ☐ — −3 → ☐ — −7 → 20

20 — −7 → ☐ — +5 → ☐ — −9 → ☐ — +7 → ☐ — −8 → ☐ — +6 → ☐ — −9 → ☐ — +5 → 10

30 — +60 → ☐ — −70 → ☐ — +40 → ☐ — −50 → ☐ — +80 → ☐ — −40 → ☐ — +20 → ☐ — −50 → 20

20 — −9 → ☐ — −6 → ☐ — +7 → ☐ — +6 → ☐ — −8 → 10

1

Geheim!
Tresorcodes!

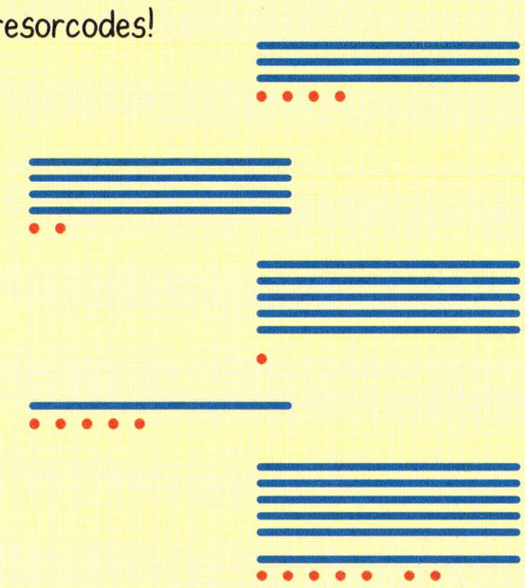

Bitte verschlüsseln! (Geheimschrift)

81, 32, 18, 23, 70, 7, 21, 12

2

Welche Zahlen sind verdeckt?

a)

				5					
	x	x	x	x	x	x	x	x	
	x							x	
	x							x	
41	x							x	50
	x							x	
	x							x	
	x							x	
	x	x	x	x	x	x	x	x	
				95					

b)

x	x	x	x	x	x	x	x	x	x
								x	
							x		
						x			
41					x				50
				x					
			x						
		x							
	x								
x	x	x	x	x	x	x	x	x	x

3

Belohnung!!

a) GESUCHT! 5 Zahlen, die 4 Einer haben.

b) Wieder einfangen! Alle Zahlen, die größer als 38 und kleiner als 53 sind!

c) Entflohen: Die Zahl in der Mitte zwischen 60 und 70.

d) Wieder entlaufen: Alle Zahlen zwischen 76 und 94, die keine 8 haben.

e) Unbedingt fangen! Alle Zahlen, bei denen der Einer halb so groß ist wie der Zehner.

f) Dringend gesucht! Alle Zahlen, die um 2 kleiner sind als Zehnerzahlen.

g) Festhalten! Alle Zahlen, bei denen der Zehner um 4 größer ist als der Einer.

Figuren mit den Geo-Plättchen auslegen (Material: Quadrate, große und kleine Dreiecke). Es gibt verschiedene Lösungen.

□	1
△	1
▵	2
gesamt	4

□	
△	
▵	
gesamt	

□	4
△	2
▵	4
gesamt	10

□	
△	
▵	
gesamt	

Figuren mit den angegebenen Geo-Plättchen auslegen. Die Figuren auf weitere Arten auslegen und die Arbeitsergebnisse notieren. (Kopiervorlage)

Figuren und Muster legen

1

2 Lege Quadrate, Dreiecke und Rechtecke. Ergänze oder verändere.

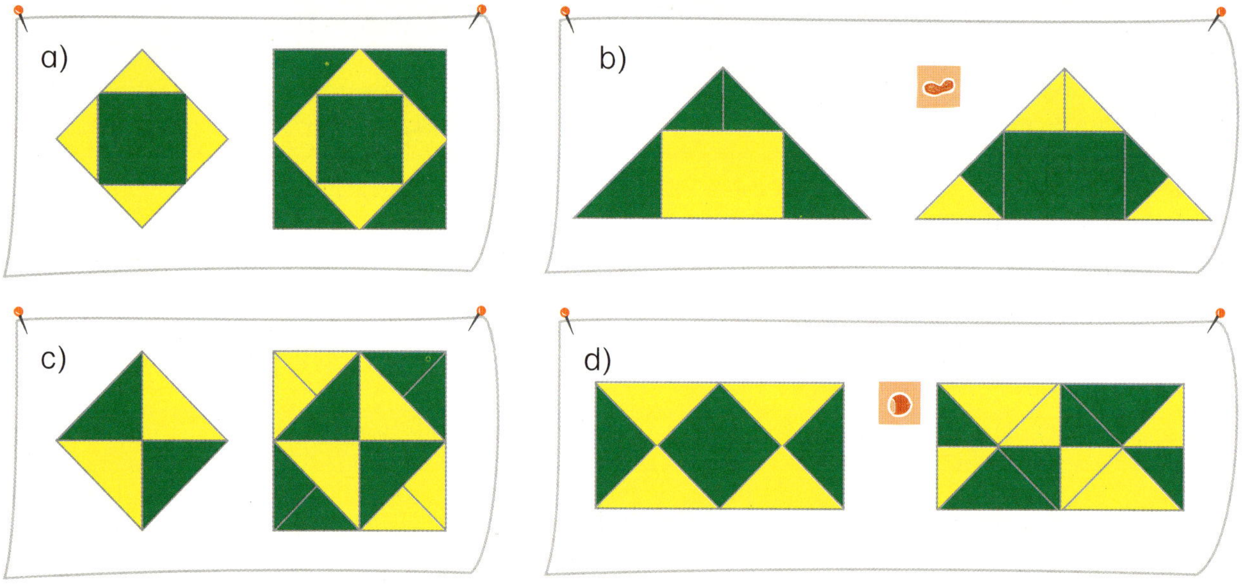

3 Setzt das Muster fort.

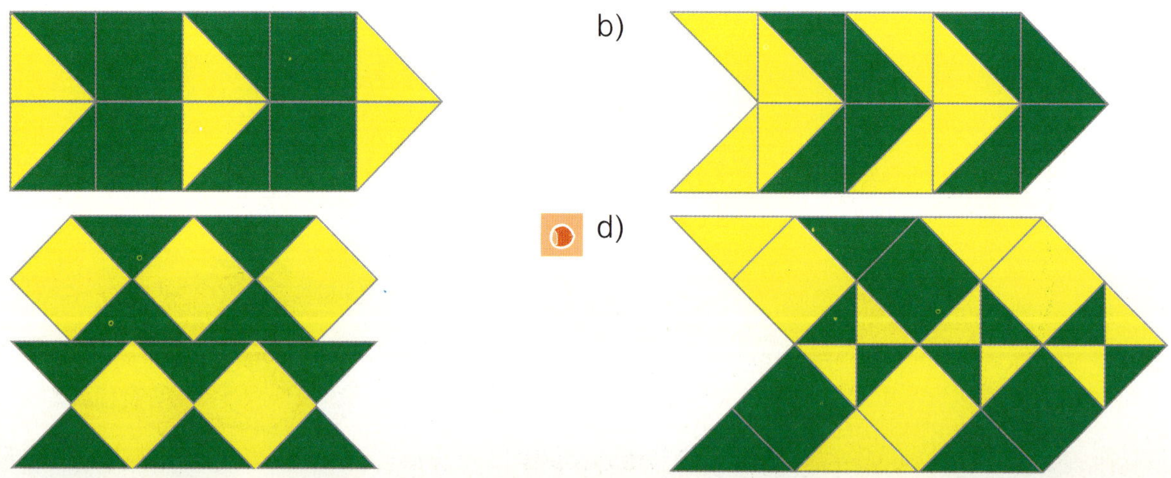

1 Zuerst das Rechteck (Figur a) aus einem Quadrat und 2 Dreiecken legen. Die weiteren Figuren (b bis e) bilden, indem jeweils nur ein Dreieck umgelegt wird.

3 Muster nach links und nach rechts fortsetzen.
1 bis **3** Es können zu allen Aufgaben Eigenproduktionen entwickelt werden.

1 Spanne Muster mit Dreiecken und verschiedenen Vierecken. Zeichne deine Figuren.

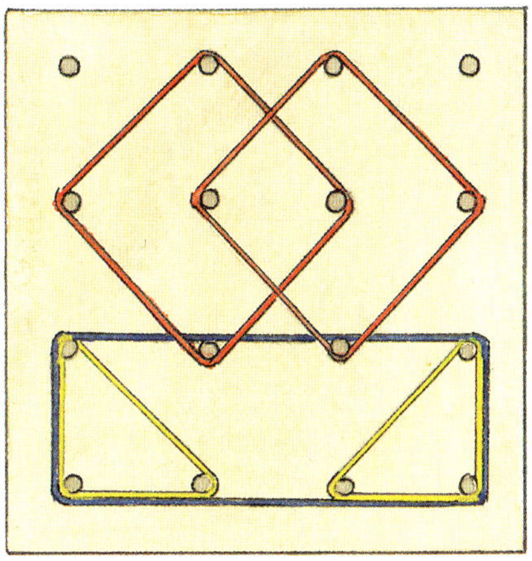

2 Lege den Gummiring um die Punkte. Welche Figuren entstehen? Schreibe auf.

a) 2, 7, 10, 5 c) 2, 12, 15, 5

b) 3, 12, 13, 9 d) 3, 16, 15, 14

3

a) Verändere das Quadrat 4-mal nacheinander so, dass jede neue Figur genau eine Ecke mehr hat. Zeichne jeden Lösungsschritt auf.

b) Verändere das Zwölfeck 4-mal hintereinander so, dass jede neue Figur genau eine Ecke weniger hat.

c) Verändere das Zwölfeck 4-mal nacheinander so, dass bei jeder Figur immer eine Ecke dazukommt.

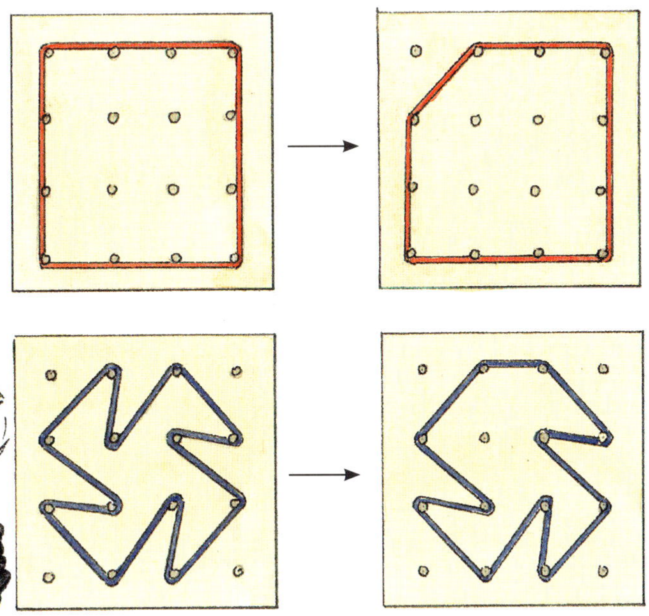

d) Erfinde eigene Figuren, die du schrittweise veränderst.

4 Nimm 4 Dreiecke und lege damit:

a) ein Rechteck,

b) ein Quadrat.

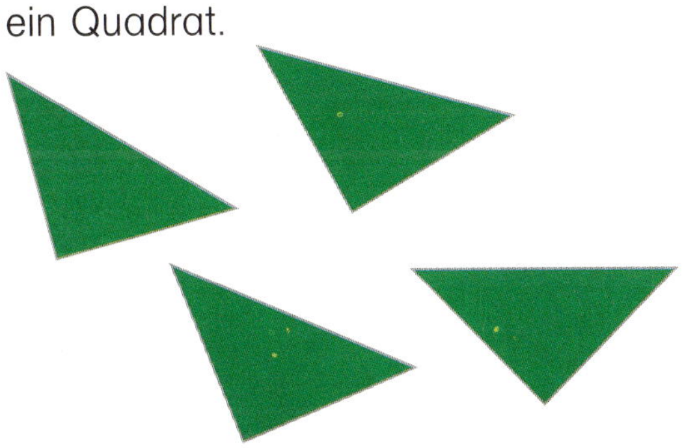

c) Geht es auch mit 6 oder 8 Dreiecken?

5 Nimm 6 Streichhölzer und lege damit:

a) ein Dreieck,

b) verschiedene Vierecke.

c) Geht es auch mit 4 oder 5 Hölzern?

1 Kopiervorlage nutzen.
2 Eingeführte Flächenformen wiederholen. Kopfgeometrie: Figuren zunächst vorstellen und erst dann spannen.
3 Punktraster für ein Geobrett nutzen (Kopiervorlage).
4 Figuren mit Geo-Plättchen legen.

Muster auf Karopapier zeichnen

1 a)

b)

c)

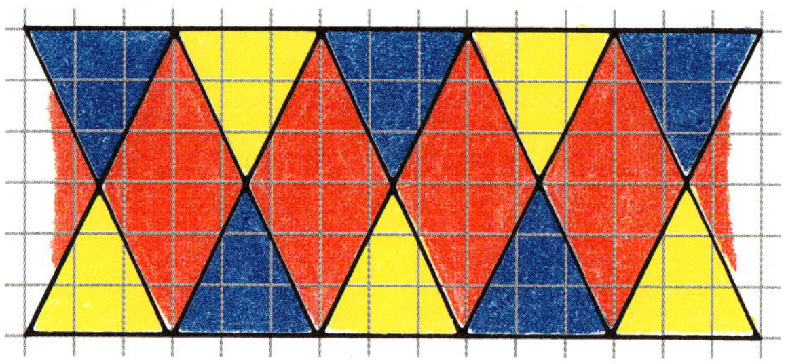

Zeichne die Muster. Erfinde eigene Muster.

2

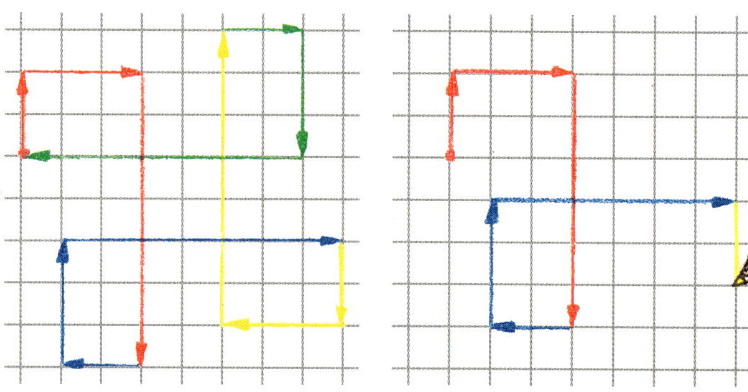

a) immer 2 – 3 – 7

b) immer 2 – 3 – 6

Zeichne die Figuren nach Plan. Was entdeckst du?

c) immer 2 – 3 – 5	d) immer 2 – 3 – 4	e) immer 2 – 3 – 3
f) immer 2 – 3 – 2	g) immer 2 – 3 – 1	h) immer ___ – ___ – ___

1 **Freihand oder mit dem Lineal zeichnen.**

2 **Der Zyklus 2 – 3 – 7 wiederholt sich (Farben rot, blau, gelb, grün). Jeder Zyklus beginnt mit einer anderen Richtung.**

1 a)

b)

c)

d)

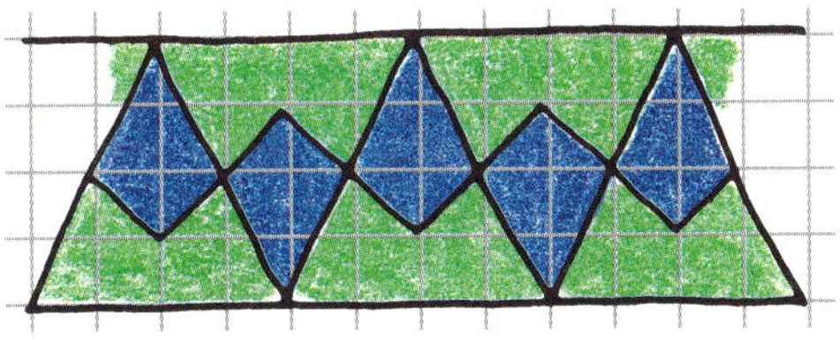

Zeichne die Muster und setze sie fort.

2 a)

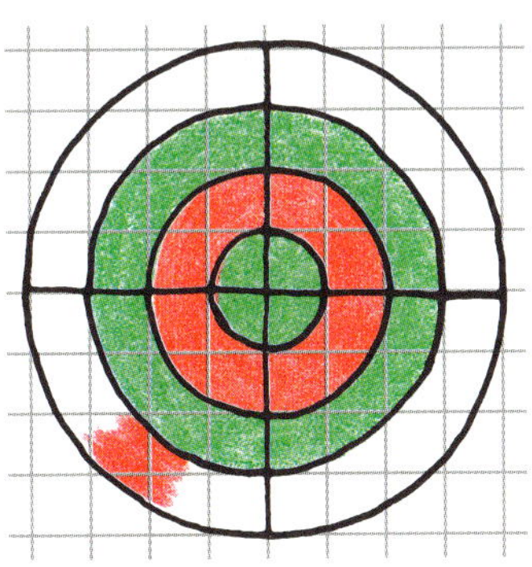

b)

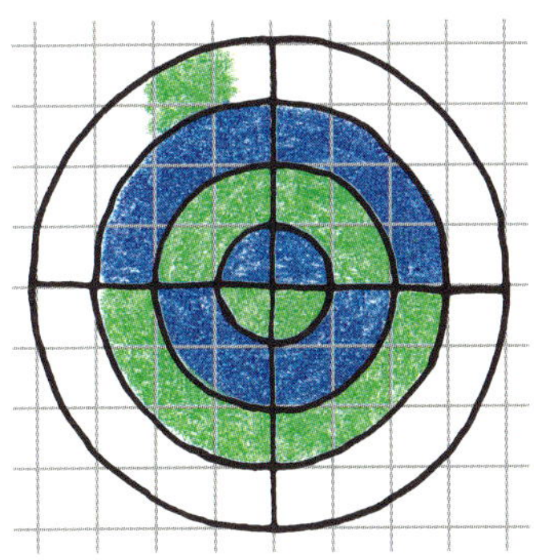

c)

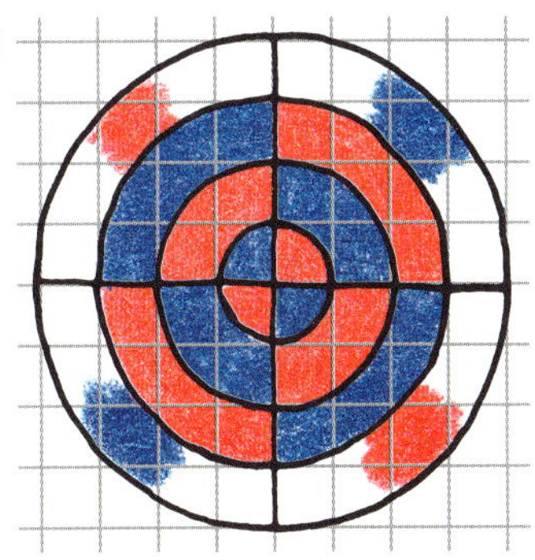

3

a)

b)

1 Die Muster (Bandornamente und Parkettierungen) ins Heft übertragen und fortsetzen.
2 Freihändig zeichnen.

2 und **3** Die Figuren ins Heft übertragen. Weitere Muster und Figuren erfinden.

Plus und minus mit Einern

1

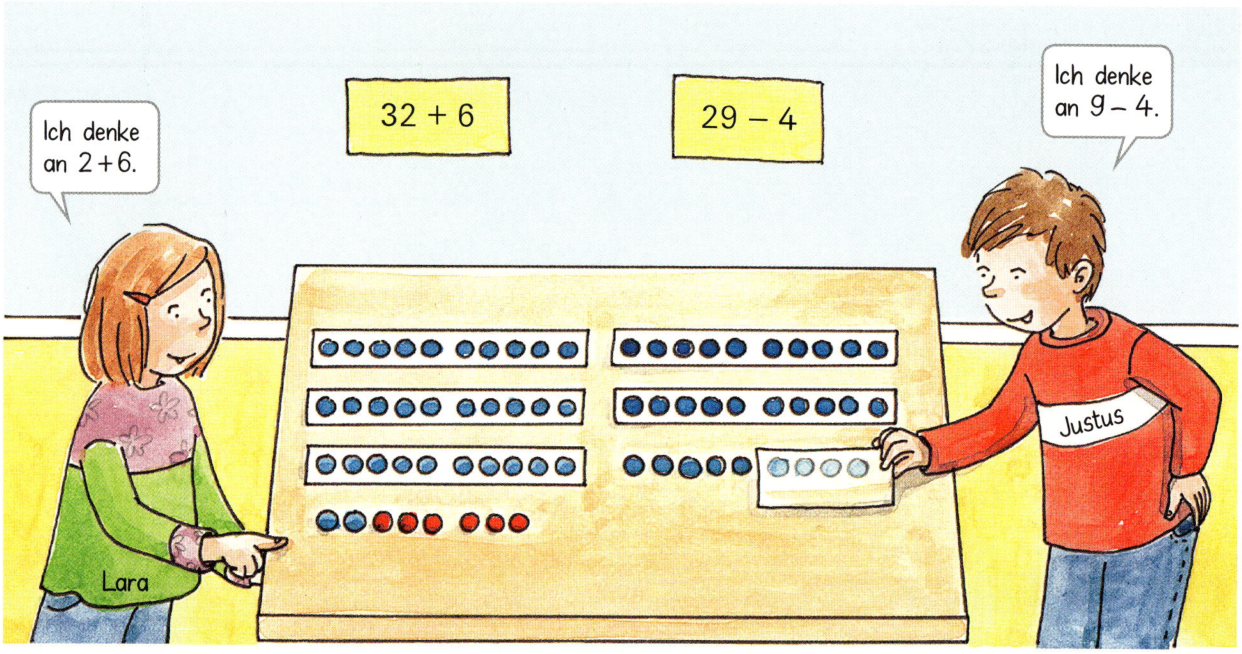

2

a)
6 + 2 =
16 + 2 =
26 + 2 =
36 + 2 =
☐ + 2 =

b)
8 − 7 =
18 − 7 =
28 − 7 =
38 − 7 =
☐ − 7 =

3

a)
35 + 4 =
66 + 2 =
21 + 5 =
53 + 3 =
82 + 1 =

b)
48 − 6 =
29 − 8 =
87 − 7 =
75 − 0 =
34 − 4 =

4

61 + 4 + 3 =
32 + 5 + 2 =
79 − 6 − 1 =
88 − 3 − 5 =
43 + 0 + 4 =
57 − 1 − 6 =

37 + 2 − 8 =
56 − 5 + 7 =
99 − 6 − 1 =
91 + 7 − 6 =
18 − 9 + 8 =
64 + 4 − 5 =

5

12 − 2 =
23 − 2 =
34 − 3 =
45 − 3 =
56 − 4 =

31 + 8 =
38 + 1 =
42 + 7 =
47 + 2 =
53 + 6 =

6

54 + 4 = 58
58 − 7 =

54 + 4 =
51 + 6 =
52 + 3 =
58 − 7 =
55 − 2 =
57 − 5 =
Ziel: 53

73 + 5 =
76 − 3 =
70 + 9 =
75 + 1 =
78 − 8 =
79 − 4 =
Ziel: 73

98 − 6 =
91 + 8 =
96 − 5 =
97 + 1 =
99 − 2 =
92 + 4 =
Ziel: 98

Additions- und Subtraktionsaufgaben ohne Zehnerüberschreitung mit den aus der 1. Klasse bekannten Strategien lösen.

6 Übungsformat „Hüpf im Päckchen“ erklären: Das Ergebnis einer Aufgabe ist die erste Zahl der nächsten Aufgabe, das Ergebnis der letzten Aufgabe ist als Kontrollzahl angegeben.

1

2

a) 21 + 9 = ___
43 + 7 = ___
65 + 5 = ___
99 + 1 = ___

b) 24 + ___ = 30
47 + ___ = 50
51 + ___ = 60
68 + ___ = 70

c) 30 − 8 = ___
40 − 2 = ___
70 − 4 = ___
100 − 9 = ___

d) 100 − ___ = 92
50 − ___ = 49
80 − ___ = 77
40 − ___ = 36

3

a)

−	2	4	6	5		1
80						
70					67	
			44			

b)

−	9		7	4	3	
100						95
60		52				
				86		

4

a)

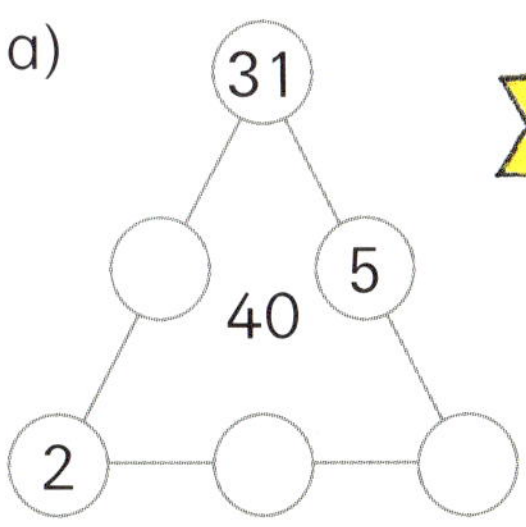

b)

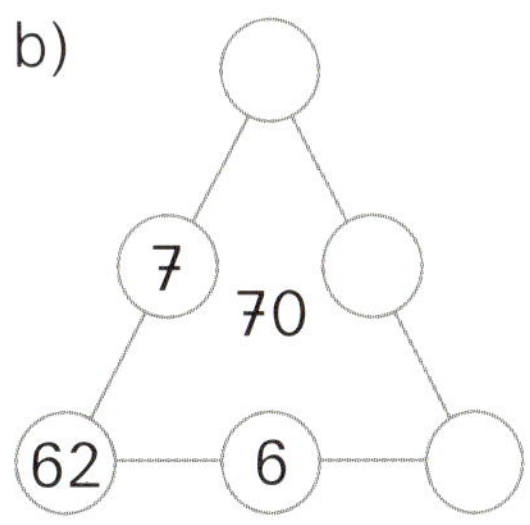

c)

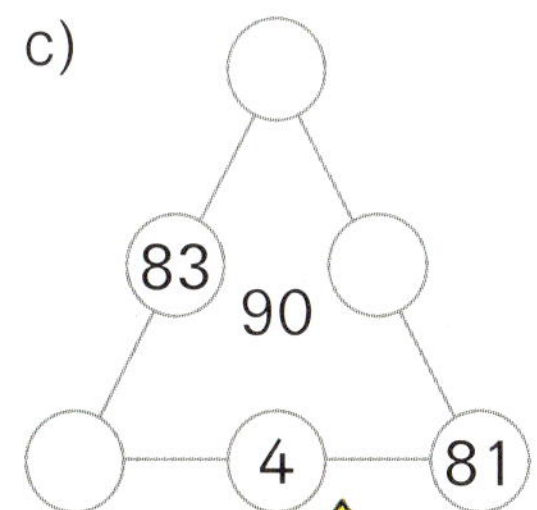

d)

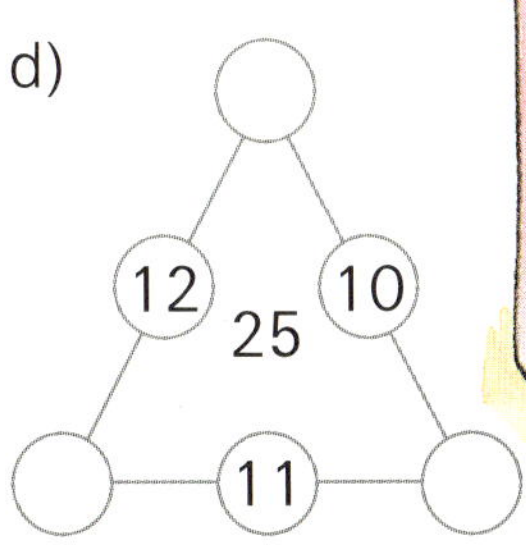

e)

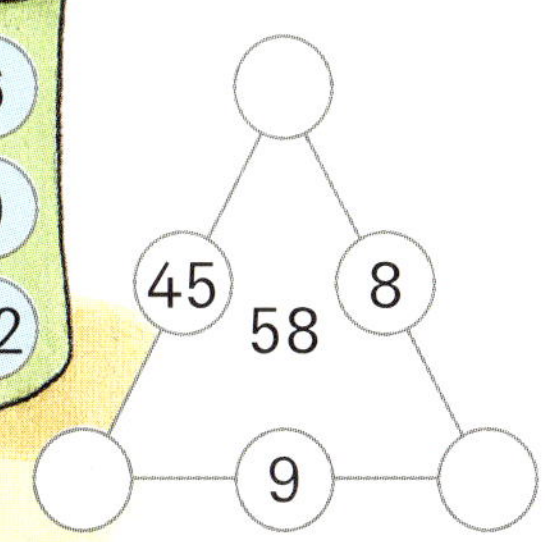

Additions- und Subtraktionsaufgaben rund um die Zehner lösen. Auf bekannte Aufgaben aus dem Zahlenraum bis 20 orientieren.

Plusaufgaben mit Zehnerübergang

1

2 Wie rechnest du? Erkläre deinem Partner.

a)	b)	c)	d)
25 + 8 =	34 + 7 =	46 + 9 =	54 + 7 =
55 + 8 =	34 + 8 =	49 + 6 =	63 + 8 =
65 + 8 =	34 + 6 =	72 + 9 =	89 + 4 =
85 + 8 =	34 + 9 =	79 + 2 =	36 + 5 =

33 40 41 42 43 55 61 63 71 73 81 93

3

a)

24 + 5	
+ +	+
3 + 4	
+	

b)

6 + 3	
+ +	+
38 + 5	
+	

c)

0 + 7	
+ +	+
8 + 77	
+	

d)

4 + 5	
+ +	+
+	
7 + 29	

e)

62 +	68
+ +	+
4 +	7
+	

f)

+	9
+ +	+
87 +	88
89 +	

4

a)
19 + 3 =
28 + 4 =
37 + 5 =
46 + 6 =

b)
12 + 9 =
23 + 8 =
34 + 9 =
45 + 8 =

c) 77 + ☐ = 81

d) 55 + ☐ = 64

1 **Verschiedene Rechenwege kennen lernen, miteinander vergleichen und individuell anwenden.**

3 **Kopiervorlage für Automat nutzen.**

1

2 Wie rechnest du? Erkläre deinem Partner.

a)	b)	c)	d)
22 – 6 =	35 – 7 =	91 – 2 =	36 – 9 =
32 – 6 =	35 – 8 =	82 – 3 =	78 – 8 =
72 – 6 =	35 – 6 =	63 – 4 =	94 – 5 =
52 – 6 =	35 – 9 =	74 – 5 =	85 – 6 =

16 26 27 28 29 46 59 66 69 70 79 89

3

a)

	+			
+		+		+
	+	1		5
	+	4		42

b)

	+			
+		+		+
	+	3		9
	+	7		91

c)

	+			
+		+		+
	+	2		8
	+	9		73

Fehlersuche: Welche Zahl stimmt nicht?

d)

45	+	2	47
+		+	+
1	+	6	7
44	+	8	54

e)

49	+	5	54
+		+	+
7	+	1	8
56	+	6	63

f)

68	+	7	74
+		+	+
7	+	0	7
74	+	7	81

4

Meine Zahl ist um 7 kleiner als 24.

Meine Zahl ist um 8 kleiner als die Hälfte von 88.

Meine Zahl erhältst du, wenn du von 95 die Hälfte von 12 abziehst.

Schreibe selbst ein Zahlenrätsel.

Meine Zahl erhältst du, wenn du vom Doppelten von 25 die Hälfte von 18 abziehst.

Wenn du 9 von meiner Zahl abziehst und dann 2 dazuzählst, erhältst du 70.

Meine Zahl ist um das Doppelte von 0 kleiner als der Vorgänger von 100.

Aufgaben am Zahlenstrahl

1

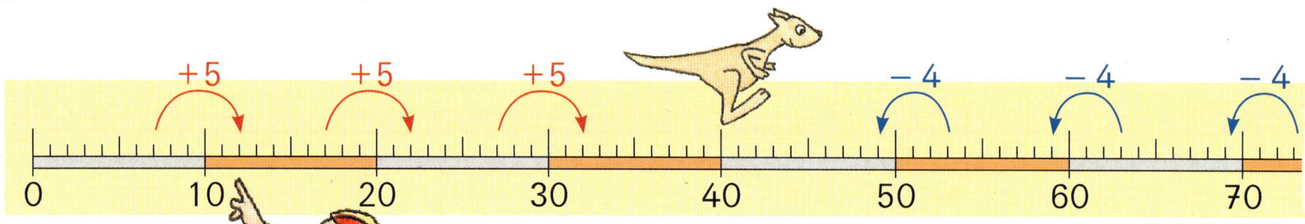

a) +5

7	
17	
27	
47	
67	

b) +8

18	
28	
	46
	66
	96

c) −4

73	
63	
53	
23	
83	

d) −6

61	
51	
	35
	15
	75

2

a) Die Kinder haben Zahlenfolgen gebildet. Kannst du sie fortsetzen?

Zahlenfolgen

Juliane: 30, 35, 40, ...
Gunnar: 17, 21, 25, ...
Enno: 92, 84, 76, ...
Nadja: 72, 63, 54, ...
Rosalie: 10, 12, 15, 17, 20, ...
Roberto: 90, 87, 85, 82, 80, ...
Yvonne: 15, 20, 19, 24, 23, ...
Kathleen: 30, 26, 33, 29, 36, ...

b) Bilde eigene Zahlenfolgen.

c) Toni hat Zahlenfolgen gebildet. Kontrolliere und schreibe richtig auf.

28, 33, 38, 43, 48, 53, 58, 63, 68, 73

83, 77, 71, 65, 59, 52, 47, 41, 36, 30

30, 35, 38, 43, 46, 51, 53, 56, 61, 66

72, 64, 63, 55, 54, 46, 45, 27, 26, 18

3

Setze <, > oder = ein.

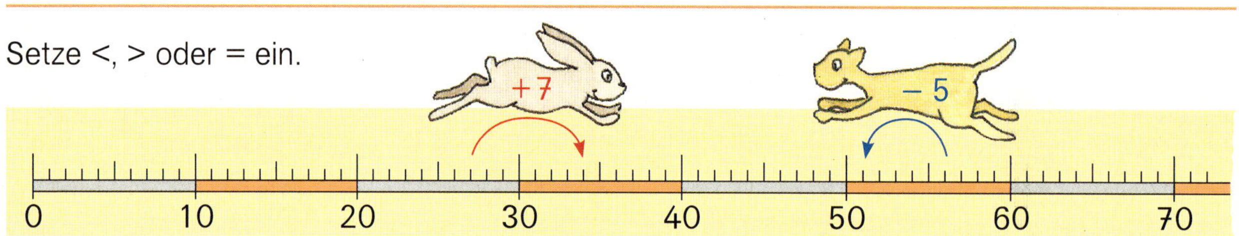

a) 27 + 7 ☐ 30
24 + 6 ☐ 30
25 + 9 ☐ 33
29 + 0 ☐ 33

b) 63 + 7 ☐ 70
66 + 8 ☐ 71
74 + 3 ☐ 79
58 + 9 ☐ 64

c) 56 − 5 ☐ 50
58 − 9 ☐ 50
54 − 1 ☐ 45
51 − 6 ☐ 45

d) 84 − 5 ☐ 81
89 − 9 ☐ 80
98 − 4 ☐ 96
74 − 2 ☐ 69

Zahlenstrahl als Orientierungshilfe nutzen.
1 Additions- und Subtraktionsaufgaben mit Zahlenstrahl lösen und Ergebnisse in Tabelle notieren.
2 Zahlenfolgen fortsetzen und kontrollieren.
3 Ungleichungen am Zahlenstrahl lösen.

1

2

a) 37 + 50 =
21 + 70 =
52 + 10 =
14 + 80 =

b) 40 + 22 =
70 + 24 =
10 + 41 =
30 + 57 =

5 15 23 25 29 38 51 62 87 91 94

c) 55 – 40 =
85 – 60 =
95 – 70 =
65 – 60 =

d) 49 – 20 =
63 – 40 =
35 – 30 =
88 – 50 =

3

blau + gelb = grün

blau – gelb = grün

4

Hüpf im Päckchen.

30 + 51 =
74 + 20 =
34 + 20 =
81 – 7 =
94 – 60 =
54 – 8 =
Ziel: 46

72 – 50 =
31 + 60 =
11 – 10 =
22 + 9 =
91 – 80 =
1 + 40 =
Ziel: 41

57 + 40 – 10 =
99 – 20 – 50 =
80 – 60 + 79 =
9 + 30 + 50 =
29 + 70 – 90 =
87 – 10 + 3 =
Ziel: 89

Strategie für Additions- und Subtraktionsaufgaben mit Zehnerzahlen kennen lernen und durch Sprünge an der Hundertertafel veranschaulichen.

1

Sicher, wahrscheinlich oder unmöglich? Wie siehst du es?
Lege jeweils einen Stift auf den Wahrscheinlichkeitsstreifen. Vergleiche mit deinem Partner.

In der Schule	Unser Wetter	Beim Würfeln
Sport ist das tollste Schulfach.	Morgen ist das Wetter schön.	3mal nacheinander eine 6 würfeln klappt nie!
Alle Schüler rechnen 567 : 7 richtig.	Weihnachten liegt sicher Schnee.	Ich würfle jetzt eine 7.
Die meisten Schüler rechnen 99 − 50 richtig.	Im Winter gibt es bestimmt Schnee.	Wenn ich es mir sehr wünsche, werfe ich eine 6.
In Mathe bekomme ich die Note 2.	Mist! Es regnet schon 3 Tage.	Die 6 würfelt man leider nicht so oft wie die 1.

unmöglich | unwahrscheinlich | wahrscheinlich | sicher

2 Würfle mit einem Würfel. Untersuche, wie oft jede Augenzahl vorkommt.

a) Würfle mit deinem Partner 60-mal. Legt eine Strichliste an. Was stellt ihr fest?

b) Fasst alle Ergebnisse eurer Klasse in einer Strichliste zusammen. Was beobachtet ihr jetzt?

Augenzahl	gewürfelt
⚀	
⚁	
⚂	

3 Wiederholt das Experiment von Aufgabe 2.
Werft nun an Stelle des Würfels eine Reißzwecke in die Luft.
Landet sie eher mit der Spitze nach oben oder mit der Spitze nach unten?

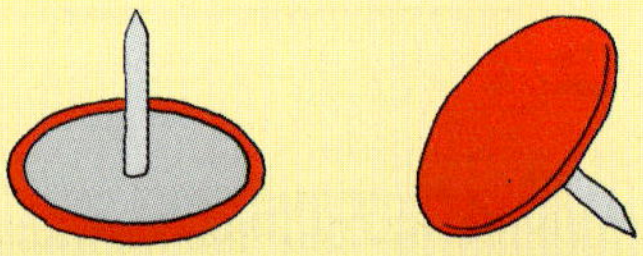

1 Plättchen-Spiel

Ihr braucht:
2 Spielwürfel
10 Plättchen

Ziel:
Wer die meisten Plättchen hat gewinnt.

Spiel 1:
Der erste Spieler bekommt ein Plättchen, wenn 9 Augen gewürfelt werden, der zweite wenn 5 Augen gewürfelt werden.

Spiel 2:
Der erste Spieler bekommt ein Plättchen, wenn 2 Augen gewürfelt werden, der zweite wenn 7 Augen gewürfelt werden.

2

a) Würfle mit einem rotem und einem grünen Würfel. Addiere die Augenzahlen. Welche Ergebnisse kannst du würfeln?

b) Würfle mit deinem Partner 50-mal. Legt eine Strichliste an. Was stellt ihr fest?

c) Fasst alle Ergebnisse eurer Klasse in einer Strichliste zusammen. Was beobachtet ihr jetzt?

d) Wie kann man mit den beiden Würfeln die Augenzahl 2 würfeln?

e) Welche Möglichkeit gibt es, um die Augenzahl 7 zu werfen?

Augenzahl	gewürfelt

3

Betrachte nun noch einmal das zweite Spiel von Aufgabe 1.
a) Erkläre, warum es kein faires Spiel ist.
b) Überlege dir weitere Spiele mit 2 Würfeln, die wohl auch nicht fair wären.
c) Überlege dir weitere Spiele mit 2 Würfeln, die wahrscheinlich fair sind.

1

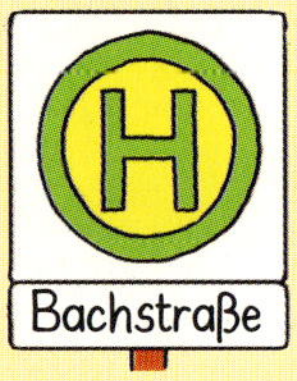

Im Bus sind 25 Personen.
6 Personen steigen ein.
Wie viele Personen sind jetzt im Bus?

25 + 6 =
Im Bus sind jetzt Personen.

2

Im Bus sind 31 Personen. 5 Personen steigen aus.

a) Wie viele Personen sind jetzt im Bus?

b) Dann steigen 3 Personen ein. Mit wie vielen Personen fährt der Bus weiter?

3

Ein Bus kommt mit 29 Personen an und fährt mit 33 Personen ab.

a) Wie viele Personen mehr sind jetzt im Bus?

b) Wie viele Personen sind an der Haltestelle Südring ausgestiegen, wenn 7 Personen eingestiegen sind?

4

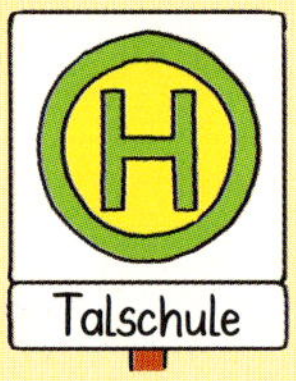

Vor der Haltestelle waren 32 Personen im Bus. Nach der Haltestelle sind es 28.

a) Wie viele Personen sind jetzt weniger im Bus?

b) Wie viele Personen sind an der Haltestelle Talschule eingestiegen, wenn 8 Personen ausgestiegen sind?

5

40 Personen im Bus
7 steigen aus

Ausflug von Klasse 2a und 2b
insgesamt 55 Kinder
im Bus sind 50 Sitzplätze

26 Kinder in Klasse 2a
8 kommen mit dem Bus

18 Kinder im Bus
4 steigen aus, 10 steigen ein

1 bis 4 Sachsituation als Lösungshilfe handelnd nachvollziehen. Lösungswege finden und Antwortsätze schreiben.

5 Eigene Texte für die Sachrechenkartei formulieren und lösen.

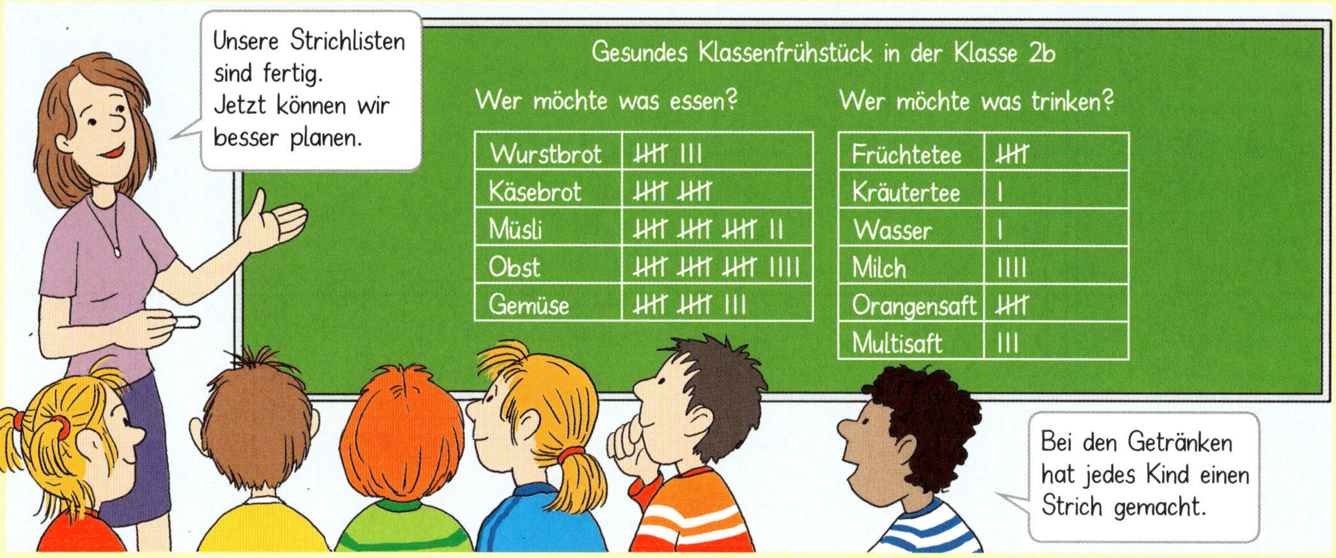

1 a) Lege eine Tabelle an und übertrage die Informationen aus der Strichliste.

Wurst	Käse	Müsli	
8			

b) Lege auch für die Getränke eine Tabelle an. Wie viele Kinder sind in der Klasse?

Früchtetee	Kräutertee	Wasser
5		

2 Die Lehrerin fragt die Kinder, wer was mitbringen möchte.

1 Kind möchte Salami und Schinken mitbringen.

2 Kinder bringen Äpfel und Bananen mit.

4 Kinder melden sich für Gurken und Tomaten.

5 Kinder wollen jeweils eine Packung Teebeutel mitbringen.

5 Kinder wollen jeweils ein Brot mitbringen.

2 Kinder fragen zu Hause, ob sie Saft mitbringen können.

a) Sammle die Informationen in einer Tabelle.
b) Vergleiche deine Tabelle mit den Tabellen aus Aufgabe 1.
Überlege, was noch fehlen könnte und was zuviel ist.

3 So hat den Kindern das Klassenfrühstück gefallen:

a) Erkläre.
b) Erstelle eine Strichliste.
c) Erstelle eine Tabelle.

4 Plant zusammen ein eigenes gesundes Klassenfrühstück. Legt dazu Tabellen wie in Aufgabe 1 und 2 an.

1 und **2** Informationen in Tabellen darstellen und damit arbeiten.

Längen vergleichen

1 Die Kinder der Klasse 2a versuchen, sich nach der Größe aufzustellen.
Kannst du den Kindern helfen?

2 Vergleiche Kinder von Aufgabe 1.
Verwende diese Ausdrücke:

… ist größer als …

… ist kleiner als …

… ist genauso groß wie …

… ist am kleinsten …

… ist am größten …

3 Vergleicht im Schulgang oder auf dem Schulhof:
Wer kommt am weitesten mit

a) 20 Fußlängen?
b) 10 Schritten?
c) 15 Sprüngen auf einem Bein?
d) 15 Sprüngen mit geschlossenen Beinen?

4 Vergleiche und beschreibe.
Verwende diese Ausdrücke.

… höher …

… schmaler …

… niedriger …

… breiter …

5 Ordne nach der Länge:

a) deine Buntstifte,
b) deine Wachsfarben,
c) deine Pinsel,
d) …

1 Über die Situation reden. Die Kinder der Klasse nach der Größe aufstellen lassen.

2 Körpergrößen mit treffenden Ausdrücken vergleichen und nach der Größe ordnen.
3 und 4 Weitere Längen vergleichen.

1

Miss im Klassenzimmer mit deinen Körpermaßen:

	Ergebnis
Länge des Zimmers	___ Schritte
Breite des Zimmers	
Länge eines Tisches	
Breite eines Tisches	
Höhe der Tafel	

2

Ida und Alex haben gemessen: Welche Messergebnisse stammen von Alex? Welche von Ida?

Türbreite

Klassenzimmerbreite

Breite des Nussknackers

15 Fingerbreiten

9 Schritte

12 Handspannen

10 Handspannen

38 Fuß

18 Fingerbreiten

Messen mit Meter

1

Ein Meter (1 m) ist immer gleich lang.

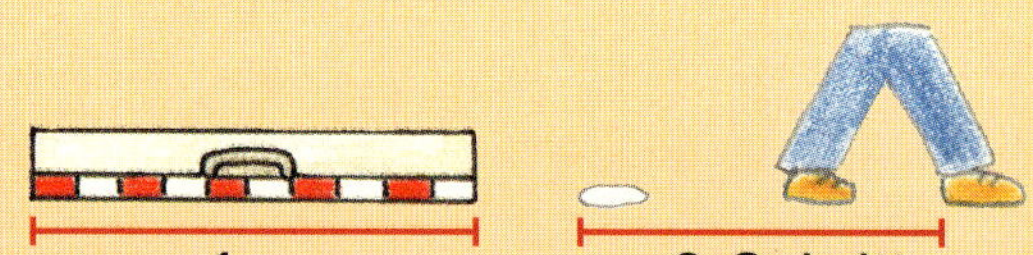

1 m

2 Schritte ungefähr 1 m

2 Schneidet euch von einer festen Schnur einen Meter ab.

a) Sucht Gegenstände in der Schule, die ungefähr einen Meter lang sind.

b) Welche eurer Körpermaße sind ungefähr einen Meter lang?

3 Erst schätzen, dann messen.

	geschätzt	gemessen
Höhe der Tafel	▢ m	▢ m
Breite der Tafel		
Länge des Zimmers		
Breite des Zimmers		
Länge des Ganges		

4 Was passt zusammen?

Turm: ▢ m

Wippe: ▢ m

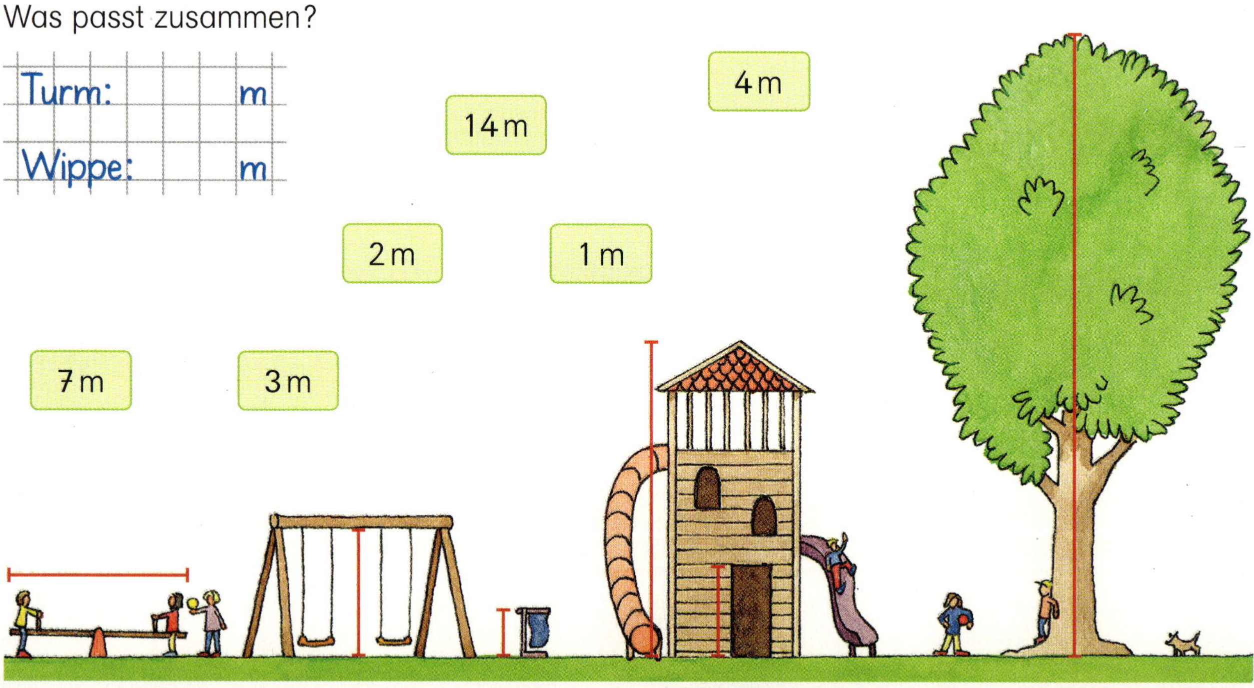

1 Meter als standardisierte Maßeinheit kennen lernen.
2 Eine Meterschnur zum Messen herstellen. Gegenstände mit ca. 1 m Länge finden und als Repräsentanten festhalten.
3 Längen im Klassenzimmer schätzen und messen.
4 Größenvorstellung im Meterbereich festigen.

1

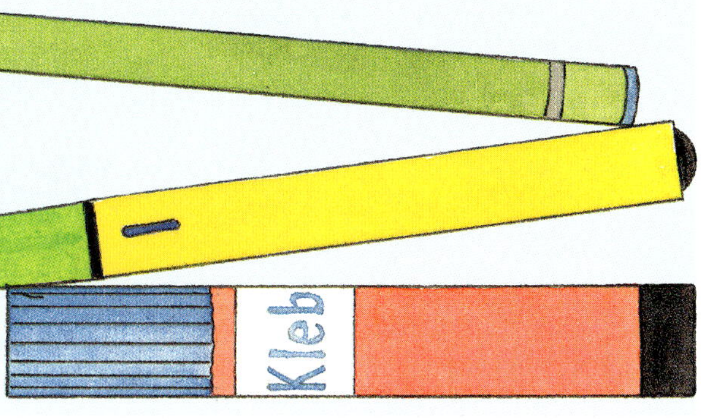

!!!

1 Meter = 100 Zentimeter

1 m = 100 cm

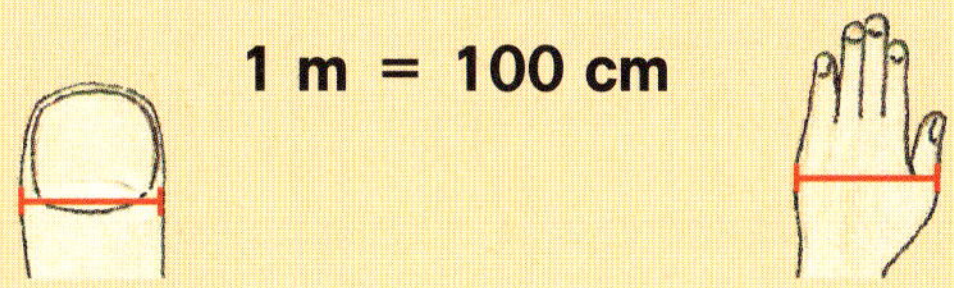

ungefähr 1 cm ungefähr 10 cm

2 Nimm die Dinge aus deinem Mäppchen. Schätze zuerst, miss dann.

	geschätzt	gemessen
Füller	cm	cm
Radiergummi		
Bleistift		
Klebestift		

3 Miss verschiedene Gegenstände aus deinem Schulranzen. Welche sind ungefähr …

a) … 10 cm lang?
b) … 20 cm lang?
c) … 30 cm lang?

4 Miss die Länge jeder Strecke.

5 Entdeckst du das Geheimnis jeder Zick-Zack-Linie?

a)

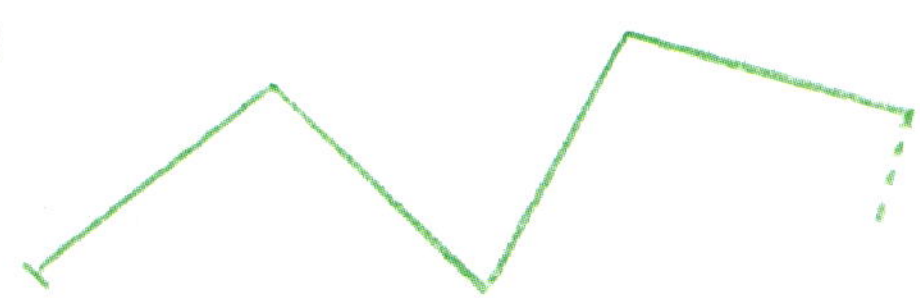

b)

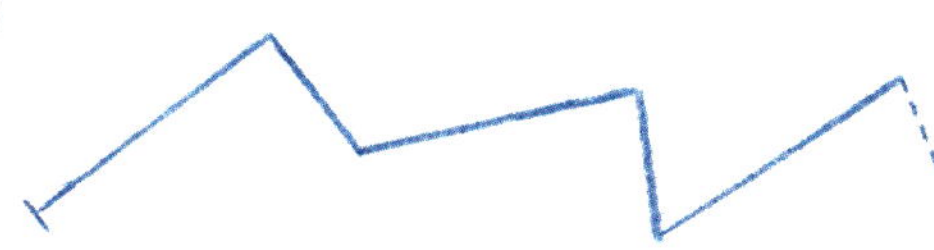

c)

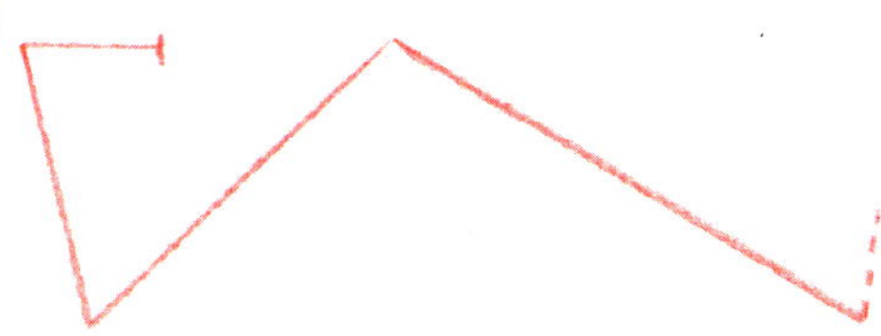

Zeichne selbst solche Linien.

1 und **2** Zentimeter als standardisierte Maßeinheit kennen lernen. Gegenstände mit ca. 1 cm Länge als Repräsentanten festhalten. **3** Repräsentanten für 10 cm, 20 cm und 30 cm finden und festhalten. **4** und **5** Strecken und Streckenzüge messen. **5** Strukturen erkennen.

1

Miss Längen in deiner Schule.

Lehrertisch:	m	cm

Tisch | Fenster | Tür (breit) | Schrank (hoch) | Tür (hoch) | Schrank (breit)

2

a) Was passt zusammen? Begründe.

1 m 53 cm | 3 m 5 cm | 27 cm

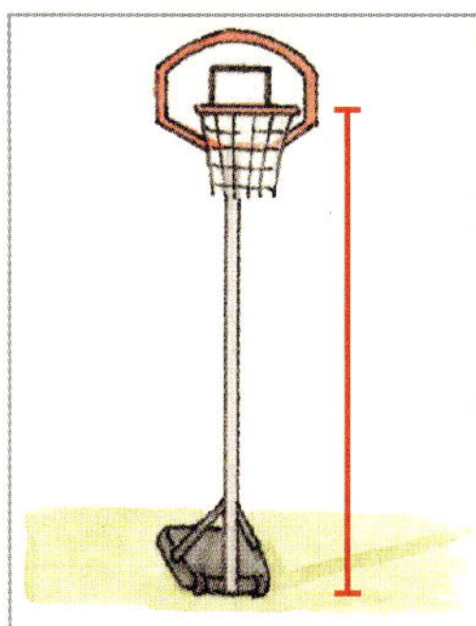

59 cm | 1 m 96 cm

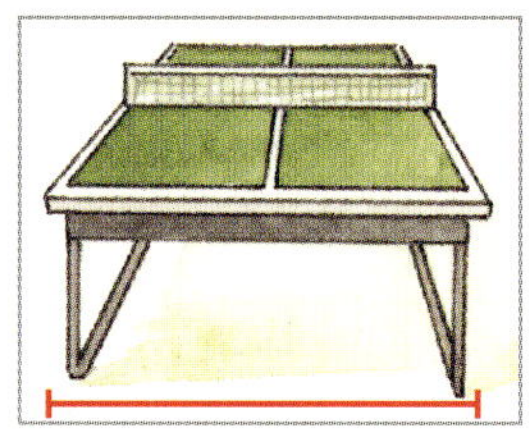

b) Ordne die Dinge nach der Länge.

1. Tischtennisschläger:	m	cm
2.	m	cm

3

Wie lang ist die Linie?
Schätze zuerst. Miss nun.
Wie rechnest du?

a)	2 cm	+	4 cm	=	6 cm		
	6 cm	+	cm	=	cm		

a)

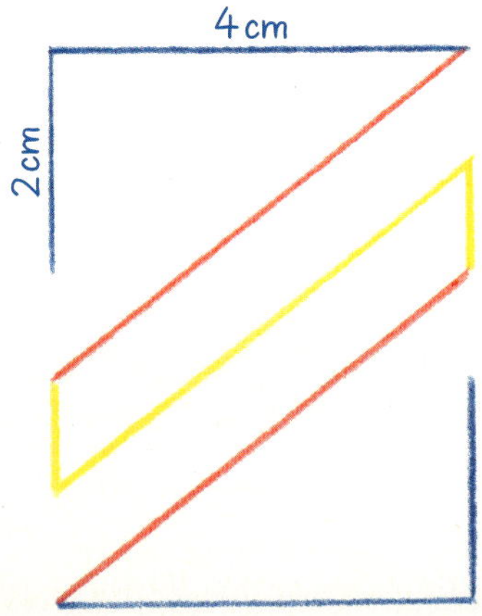

b)

1 Schreibweise bei gemischten Längenangaben einführen und Längen messen.

2 Größenvorstellung im Zentimeter- und Meterbereich festigen.
3 Vorteilhaft rechnen.

1

So erstellt ihr euren Körperpass:
- Male ein Bild von dir.
- Messt gegenseitig eure Körpermaße.
- Welche Körpermaße könnt ihr messen, die Trax nicht gemessen hat?
- Schreibe deine Körpermaße zu deinem Bild.

2

Welche Körpergrößen gibt es in eurer Klasse?
Jedes Kind macht in der Liste einen Strich!

Körpergröße	
bis 1 m 10 cm	
1 m 11 cm bis 1 m 15 cm	
1 m 16 cm bis 1 m 20 cm	
1 m 21 cm bis 1 m 25 cm	
1 m 26 cm bis 1 m 30 cm	
1 m 31 cm bis 1 m 35 cm	
über 1 m 35 cm	

a) Welche Größen gibt es am häufigsten?
b) Welche Größen gibt es nur selten oder gar nicht?
c) Erstellt auch Strichlisten zu anderen Körpermaßen.

3

1 Einen individuellen Körperpass erstellen, in dem wichtige Körpermaße in Zentimeter und Meter eingetragen sind. (Kopiervorlage)
2 Schlüsse zur Körpergröße von Zweitklässlern ziehen.

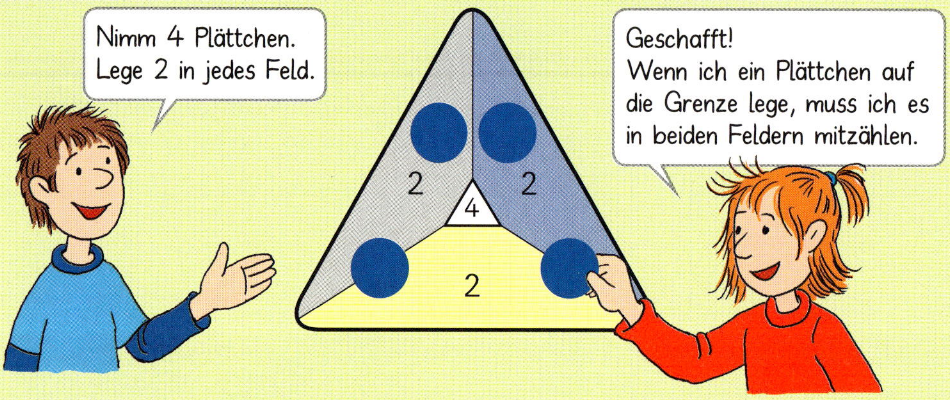

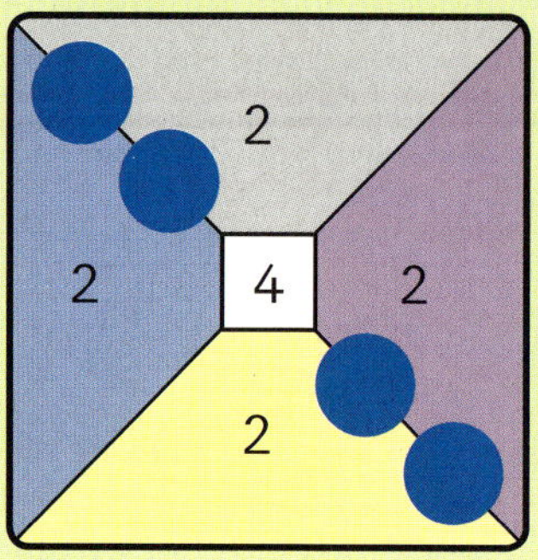

1 2 Plättchen in jedem Feld:

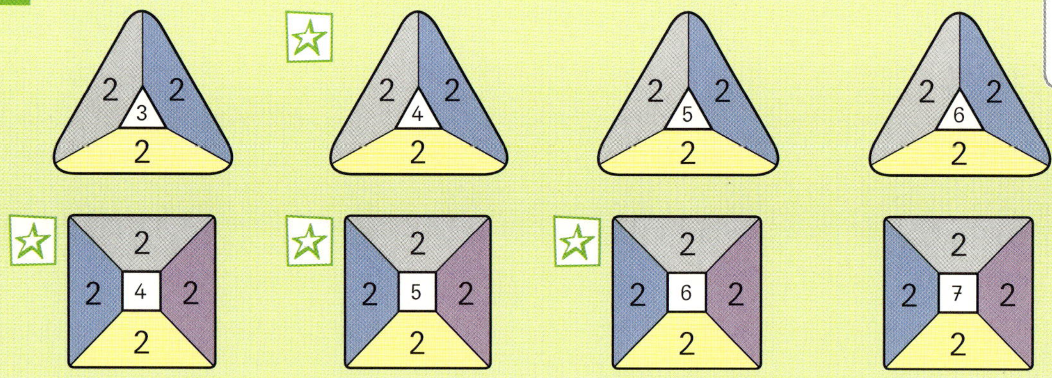

2 3 Plättchen in jedem Feld:

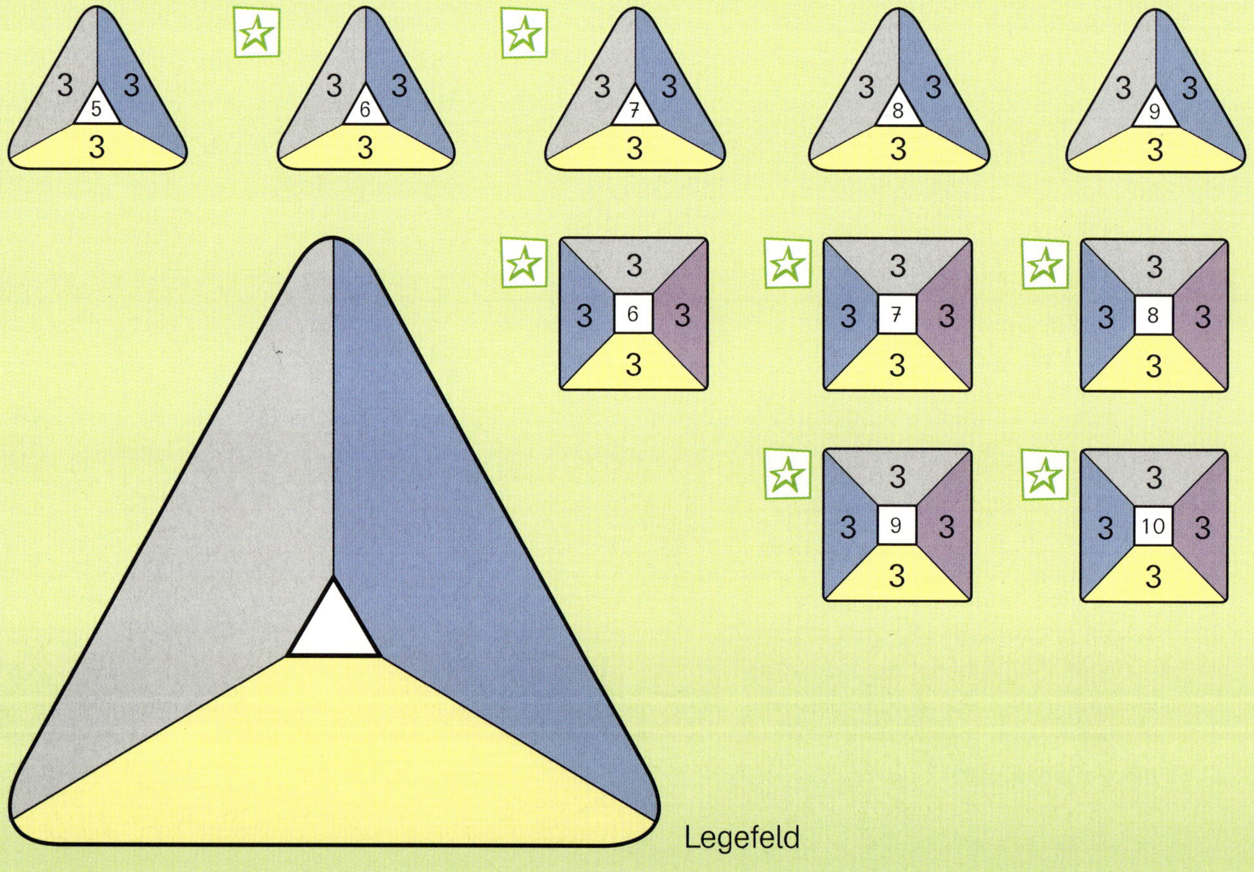

Legefeld

Die im Zentrum angegebene Anzahl von Plättchen so verteilen, dass in jedem Feld 2 (3) Plättchen liegen. Plättchen, die auf der Grenze benachbarter Felder liegen, zählen zu jedem dieser Felder. Verschiedene Lösungen sind nur solche, die nicht durch Drehen des Legefeldes ineinander überführt werden können (Kopiervorlage).

1

Schaffst du das auch mit:
a) 4 Streichhölzern?
b) 5 Streichhölzern?
c) 6 Streichhölzern?

2

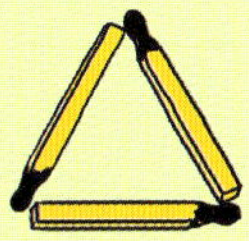

Schaffst du das auch mit:
a) 4 Streichhölzern?
b) 5 Streichhölzern?
c) 6 Streichhölzern?

3

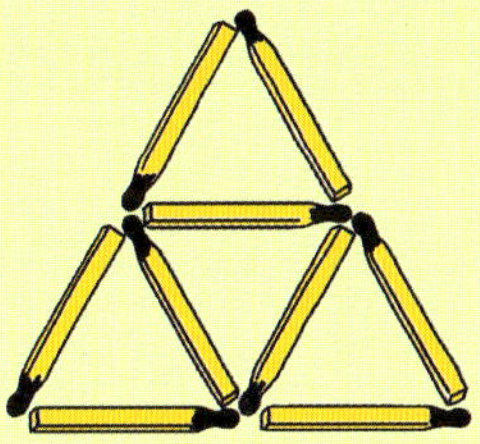

Nur 2 Dreiecke sollen übrig bleiben. Entferne dazu:
a) 4 Streichhölzer.
b) 3 Streichhölzer.
c) nur 2 Streichhölzer.

4 Kannst du den Trick entdecken?

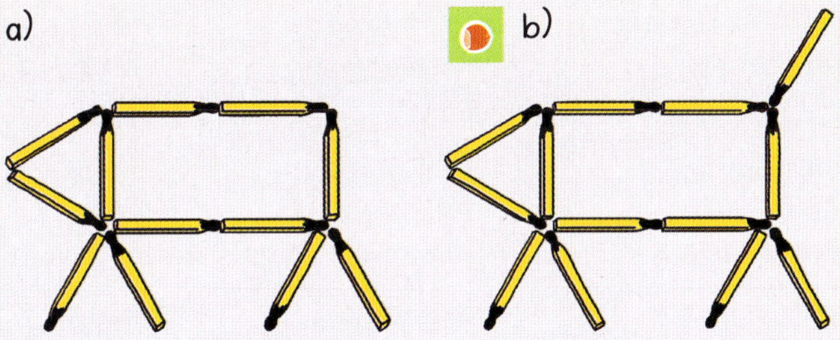

Das Schwein blickt nach links. Lege 2 Hölzchen so um, dass es nach rechts blickt.

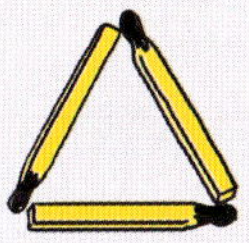

Bilde zusätzlich 3 solche Dreiecke.

a) Nimm 9 Hölzchen dazu.
b) Nimm 6 Hölzchen dazu.
c) Nimm 3 Hölzchen dazu.

5 Wie viele Dreiecke siehst du? Ein Tipp: Es sind mehr als 10!

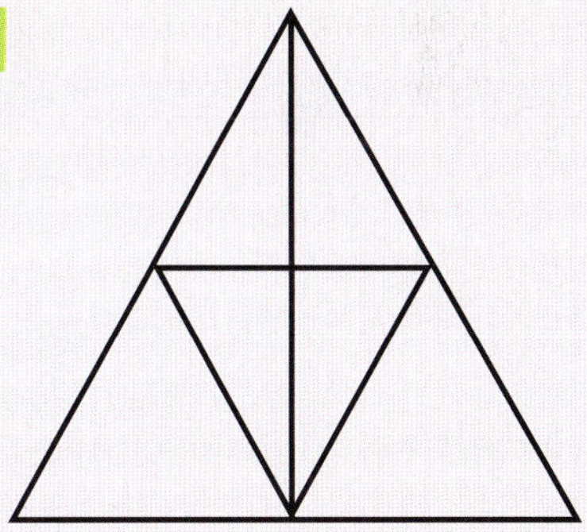

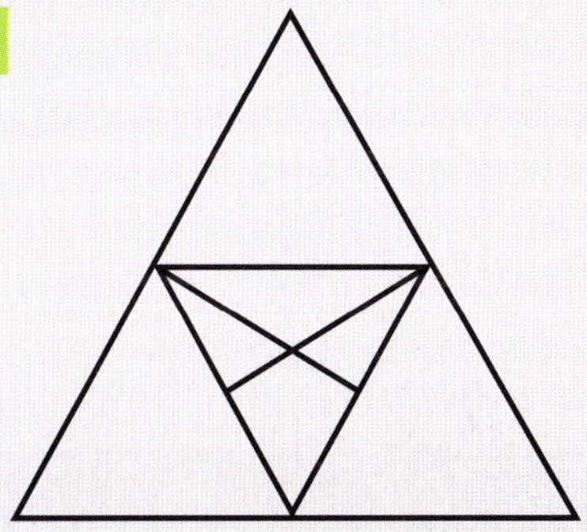

3 Jedes verbleibende Streichholz soll zu einem der 2 Dreiecke gehören. Unvollständige Dreiecke sind also ausgeschlossen.

1 Im Zauberwald

2 Zeige 1, 2, ..., 10 Gespenster mit dem Spiegel.

a)

b)

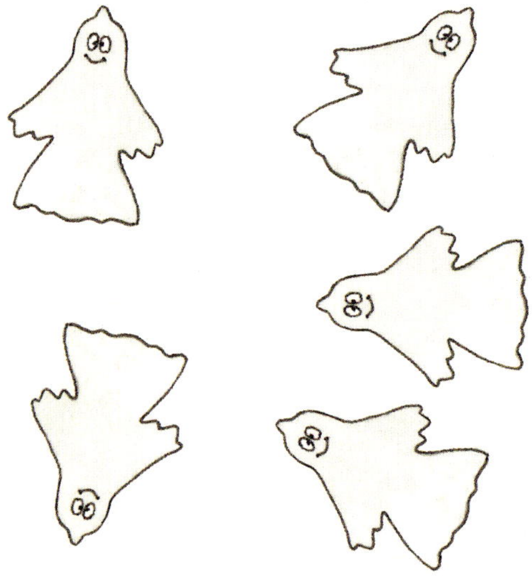

3 a)

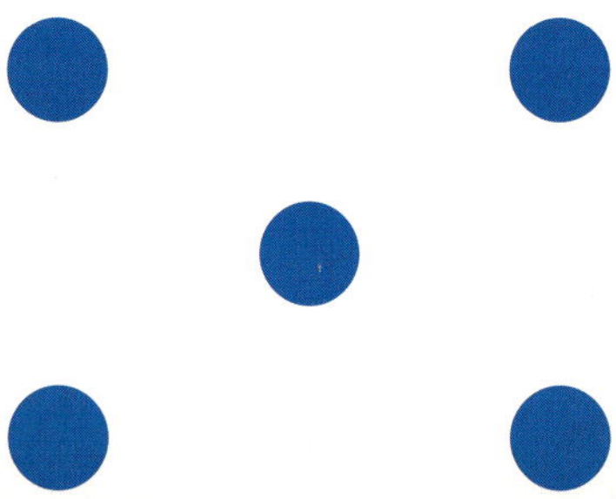

Zeige mit dem Spiegel:

6 ● 4 ● 5 ●
1 ● 3 ● □ ●

b)

Zeige mit dem Spiegel:

2 ● 2 ● 4 ● 2 ● 3 ● 2 ●
1 ● 1 ● 1 ● 2 ● □ ● □ ●

1 **Uhrzeit spiegeln, Spinnennetz entfernen, Halbmond – Vollmond, wenige – viele Sterne (Gespenster), Namen der Gespenster spiegeln, gebrochenen Ast reparieren.**

2 **und** **3** **Mit dem Spiegel experimentieren: Spiegeln, bis die angegebene Anzahl zu sehen ist. Andere Teilaufgabe jeweils abdecken.**

1 Falte und zeichne. Schneide aus.

2 Falte, zeichne und schneide so, dass diese Figuren entstehen.

a)

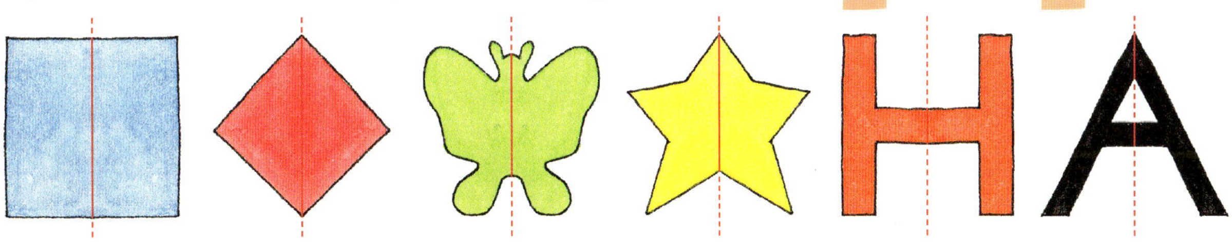

b)

3 Falte ein quadratisches Papier 2-mal. Stelle Sterne her.

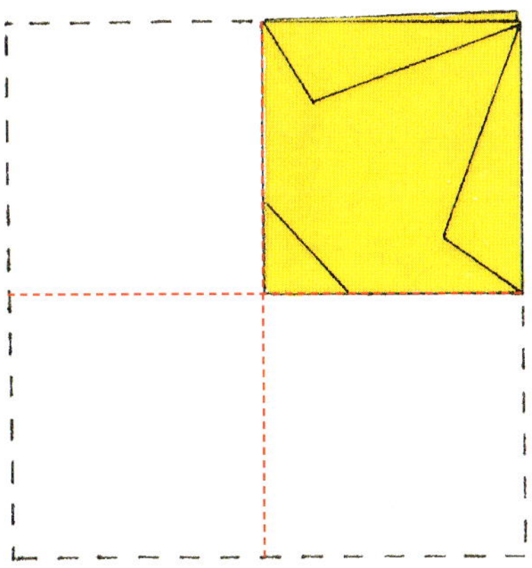

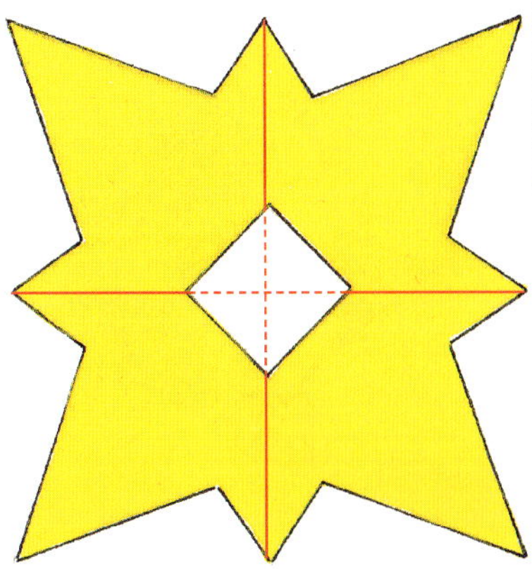

1 bis **3** Falten, aufzeichnen, ausschneiden und entfalten.
Bei **3** quadratisches Papier verwenden.

1 Welche Formen erhältst du? Beschreibe sie möglichst genau.

Julian
Ich stelle mir ein Quadrat vor und falte die linke untere Ecke zur rechten oberen Ecke.

Lusia
Bei meinem Quadrat falte ich beide oberen Ecken zur Mitte.

Berat
Bei meinem Quadrat falte ich eine Ecke zur Mitte.

Welche Formen können entstehen, wenn ich ein Rechteck einmal falte?

Löse zuerst nur in Gedanken.
Falte dann und kontrolliere.
Dann ist es Kopfgeometrie.

Antonia
Ich falte bei einem Quadrat die 2 unteren auf die 2 oberen Ecken.

Amelie
Ich stelle mir ein Quadrat vor und falte die linke obere und die rechte untere Ecke zur Mitte.

2 Falte einen Flieger.

1

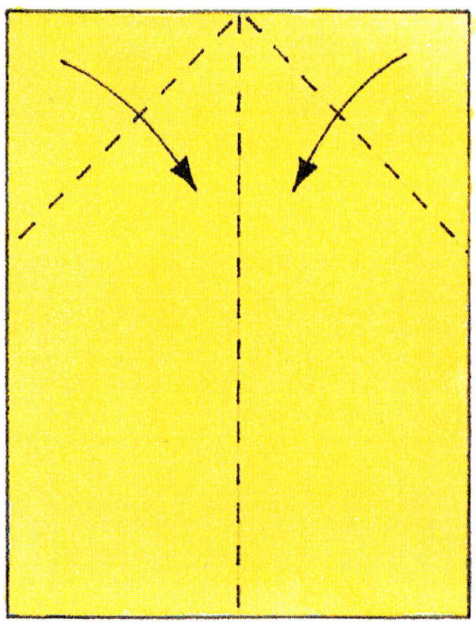

Falte das Papier der Länge nach.
Falte die 2 Ecken nach innen.

2

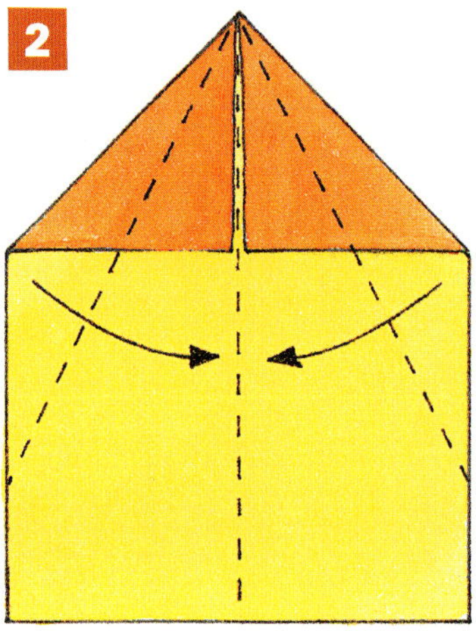

Falte auch diese 2 Ecken nach innen.

3

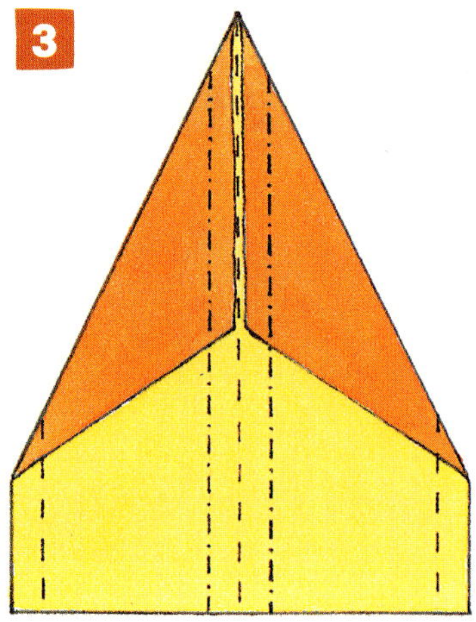

Falte weitere Kanten.

4

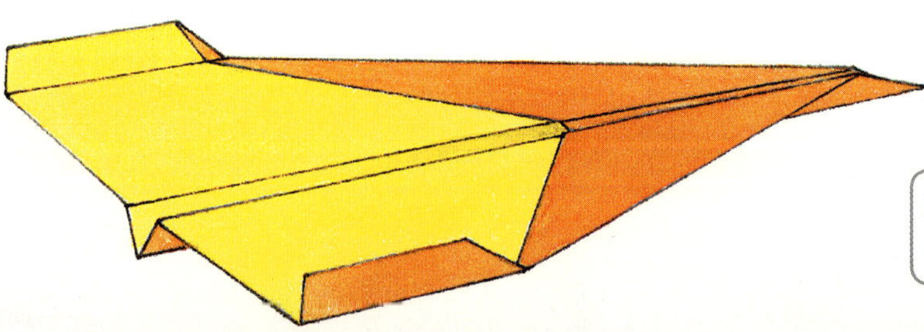

Ich falte noch andere Flieger!

1 Die Kinder falten zuerst in der Vorstellung. Das nachträgliche Falten dient der Kontrolle.

2 Die Vorder- und Rückseiten der Blätter sind verschiedenfarbig gekennzeichnet, um den Faltvorgang anschaulich zu machen.

1

Spiel für 2 Personen:
Jan legt ein Plättchen.
Franka legt ihr Plättchen spiegelbildlich.
Jetzt legt Franka ihr Plättchen zuerst.

2 Lege die Figur und ergänze das Spiegelbild. Kontrolliere mit dem Spiegel.

a) 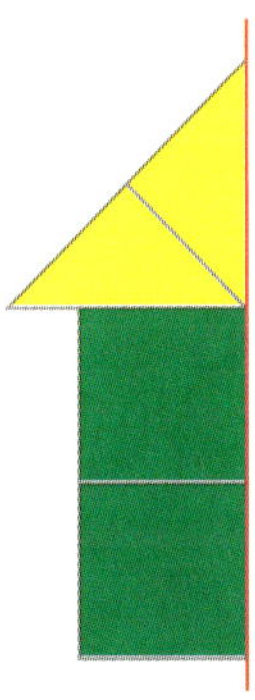

b) 

c) 

d) 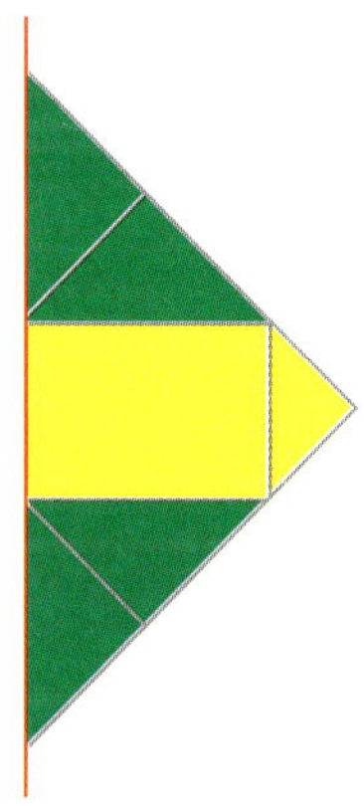

e) 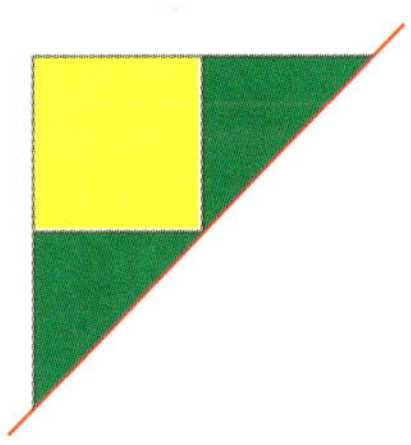

f) 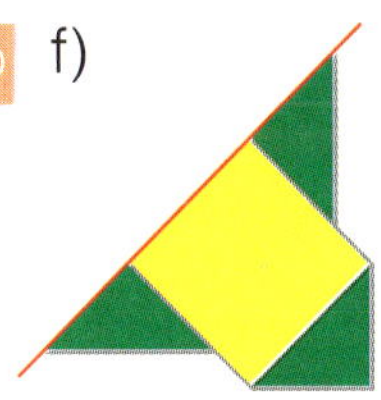

g) 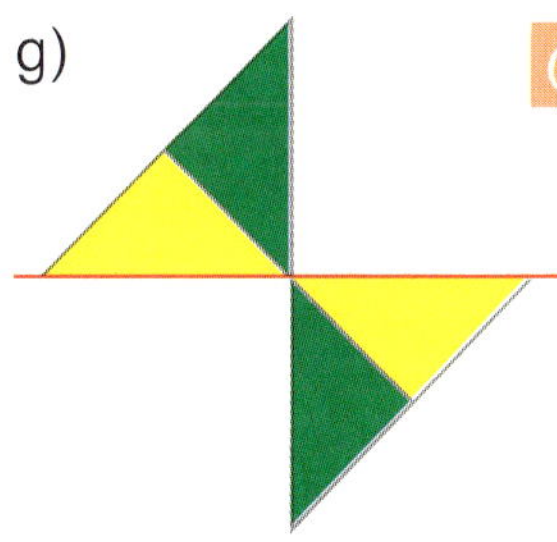

h) 

3 Lege symmetrische Figuren aus großen und kleinen Dreiecken und Quadraten.

a) 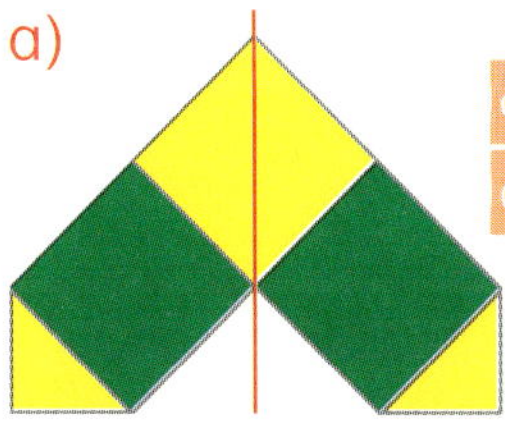

–	□	△ (groß)	△ (klein)
a)	2	2	2
b)	2	4	4
c)	1	2	2
d)	1	3	4
e)			

3 Die Anzahl der Plättchen ist jeweils vorgegeben. Einzelne Plättchen liegen auf der Spiegellinie.

$$4 + 4 + 4 = 12$$

$$3 \cdot 4 = 12$$

mal

Im Klassenzimmer Multiplikationsaufgaben zum räumlich-simultanen Aspekt suchen und notieren. Rollenspiele zum zeitlich-sukzessiven Aspekt integrieren, z. B. mehrfach Stühle transportieren.

1 Schreibe Plus- und Malaufgaben.

a)

2 + 2 + 2 =

3 · 2 =

b)

8 + 8 + 8 + 8 =

· 8 =

c)

+ =

· =

d)

e)

f)

2

Schreibe Malaufgaben, male Bilder dazu.

3

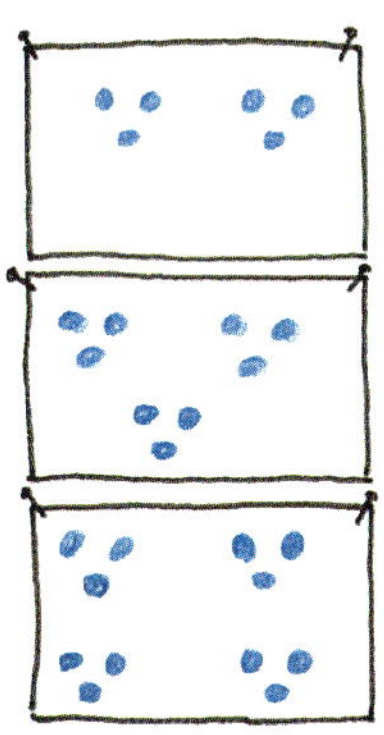

3 + 3 =
2 · 3 =

3 + 3 + 3 =
3 · 3 =

3 + 3 + 3 + 3 =
4 · 3 =

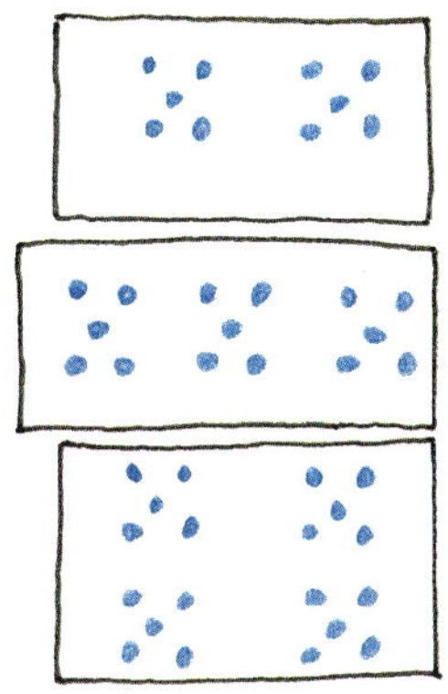

5 + 5 =
2 · 5 =

5 + 5 + 5 =
3 · 5 =

5 + 5 + 5 + 5 =
4 · 5 =

Zusammenhang zwischen Plus- und Malaufgaben üben.
2 Die Schüler bearbeiten beispielhaft vorgegebene Aufgaben und entwickeln Eigenproduktionen.
3 Nachbaraufgaben, Reihenentwicklung für verschiedene Zahlen kennen lernen.

1

2 Schreibe immer 2 Malaufgaben.

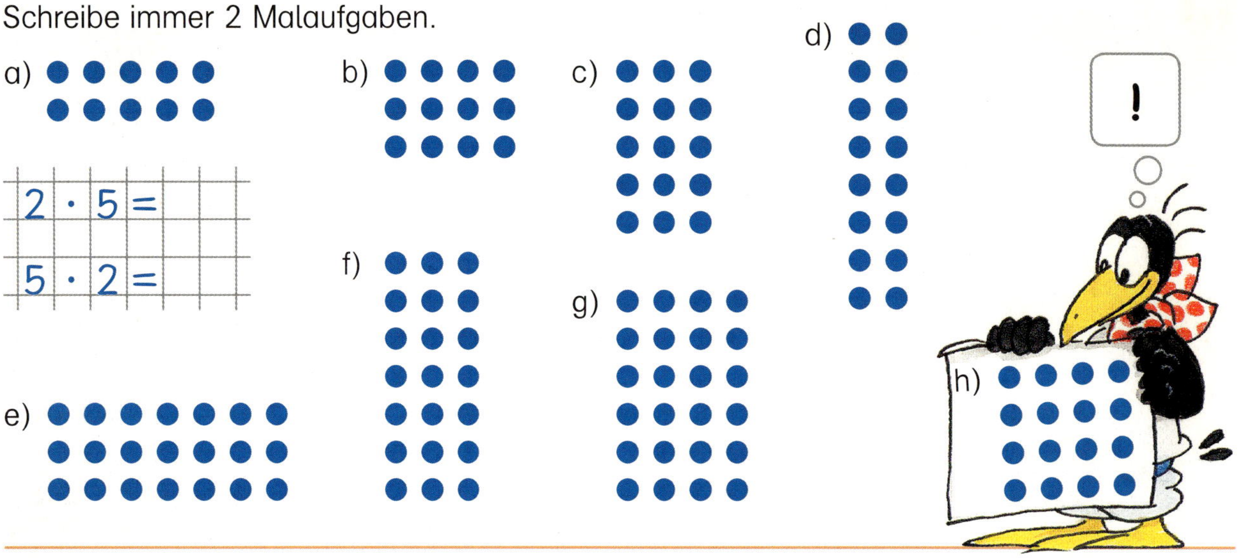

3 Schreibe Aufgabe und Tauschaufgabe. Male ein Punktebild dazu.

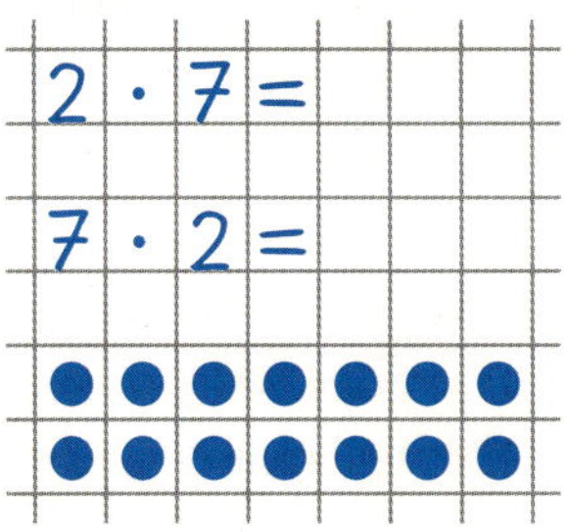

2 · 7 | 8 · 3 | 6 · 2 | 4 · 5 | 7 · 0

3 · 2 | 3 · 6

2 · 4 | 9 · 2 | 1 · 4 | 0 · 9

4

9 · 2 =
7 · 2 =
5 · 2 =
 · =

10 · 0 =
9 · 1 =
8 · 2 =
 · =

0 · 6 =
6 · 0 =
1 · 7 =
7 · =

5 · 5 =

1 Die Mädchen erkennen 4 Reihen, die Jungen jeweils 6 Reihen.

1

2 Welche Aufgaben siehst du? Schreibe in dein Heft!

a)
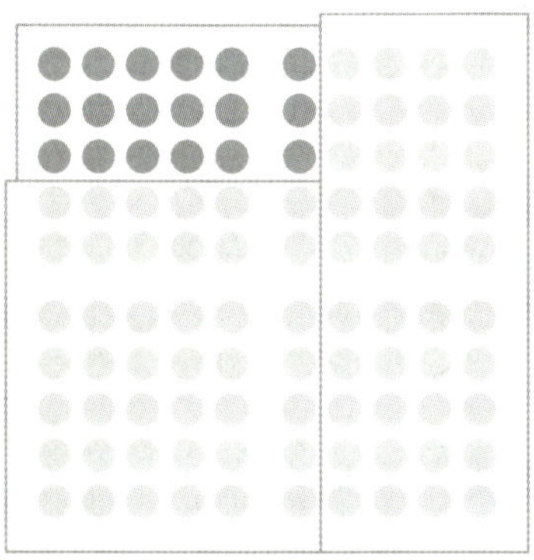

b)
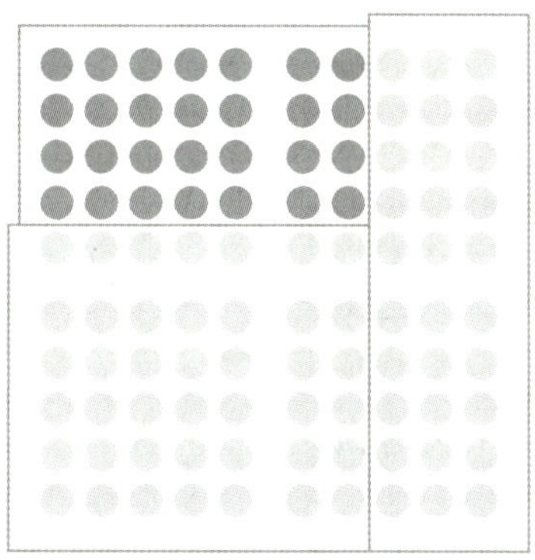

c)
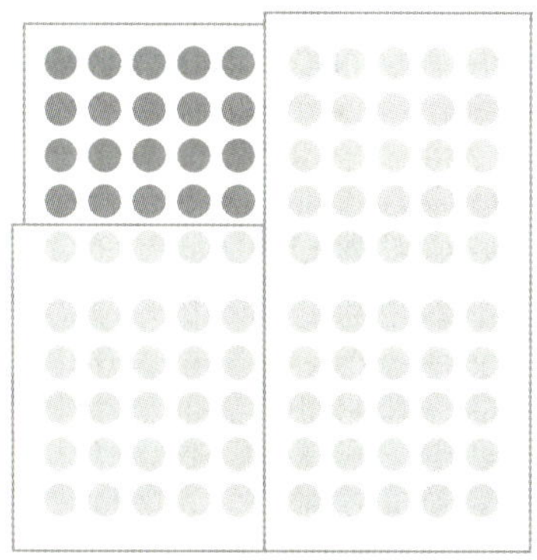

d)
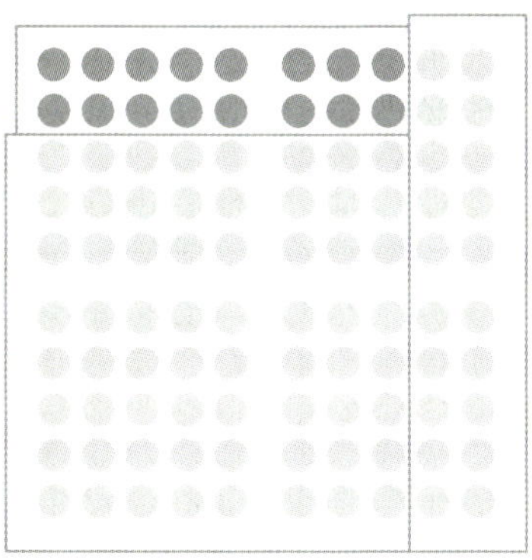

e)
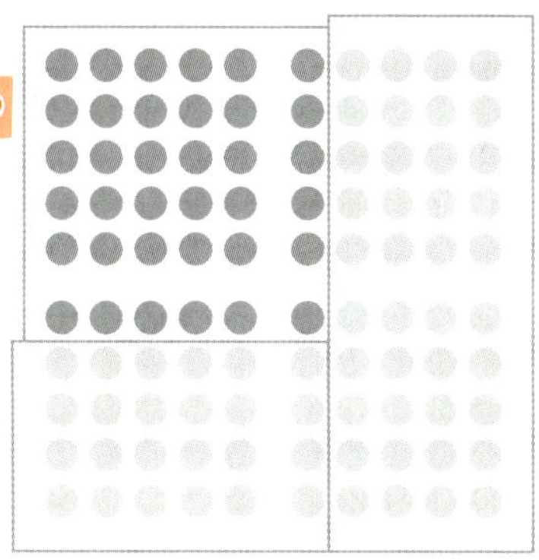

f)
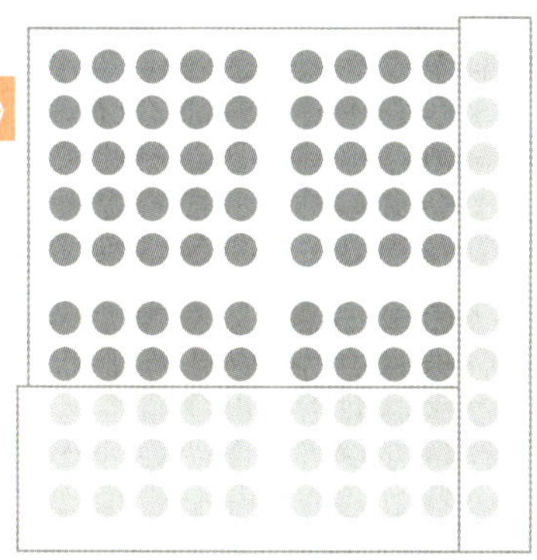

3 Zeigt am Hunderterfeld und rechnet.

2 · 7 =	3 · 4 =
3 · 9 =	4 · 8 =
5 · 10 =	5 · 2 =
4 · 6 =	5 · 5 =
8 · 2 =	6 · 3 =
5 · 4 =	2 · 9 =

4 Welche Malaufgaben am Hunderterfeld passen zu diesen Ergebnissen?
Wo gibt es mehrere Lösungen? Wo keine?

40 = 5 ·
40 = 4 ·

40 54 23 24 36 56 25

1 Immer 4 Kinder stehen an einem Startblock. Wie viele Bahnen werden gebraucht?

2

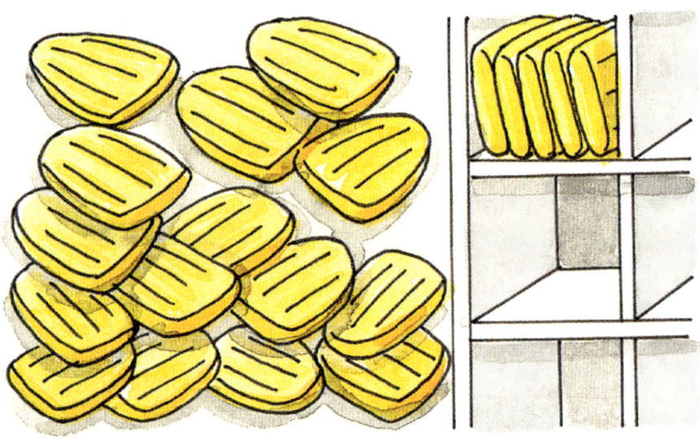

Immer 5 Schwimmbretter in ein Fach:

20 = ___ · 5

20 : 5 = ___

Man braucht ___ Fächer.

3

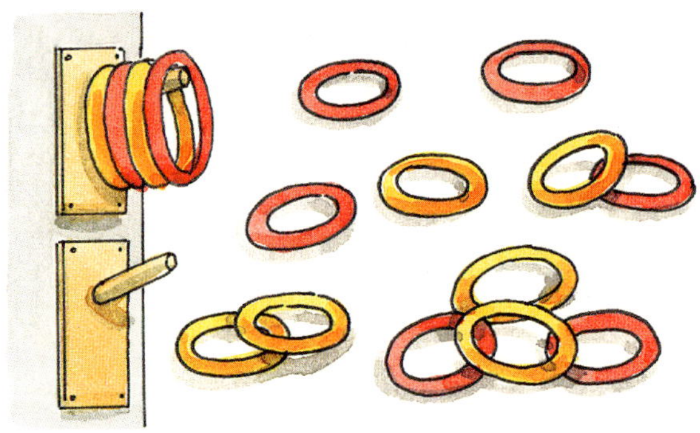

Immer 4 Tauchringe an eine Stange:

16 = ___ · 4

16 : 4 = ___

Man braucht ___ Stangen.

4

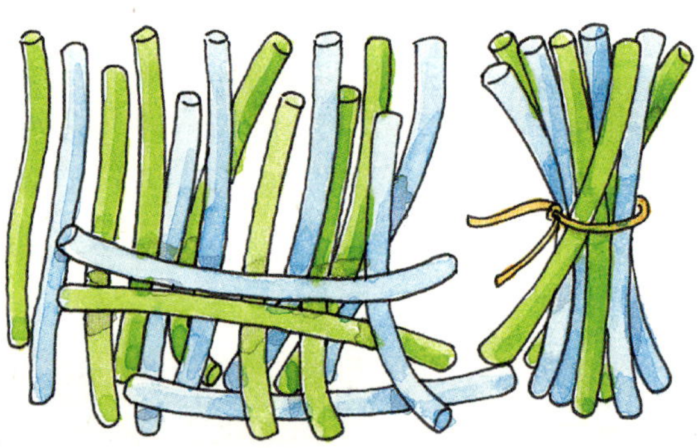

24 = ___ · 8

___ : ___ = ___

24 – 6 – 6 – 6 – 6

24 – 8 – 8 – 8

24 – 4 – 4 – 4 – 4 – 4 – 4

24 – 12 – 12

1 bis **4** Einführung der Division: (Auf-)Teilen als Umkehrung der Multiplikation kennen lernen.
Einführung der Sprech- und Schreibweise bei der Division.

1

Sina hat 8 Plättchen. Welche Reihen kann sie legen?

Nils hat 9 Plättchen. Welche Reihen kann er legen?

Paul hat 16 Plättchen.

Luisa-Marie hat 24 Plättchen.

Valentino hat 13 Plättchen.

Amelie hat 17 Plättchen.

2

Zeichne und kreise ein.

20 : 5 = ☐

20 : 2 = ☐
20 : 4 = ☐
20 : 10 = ☐

15 : 5 = ☐

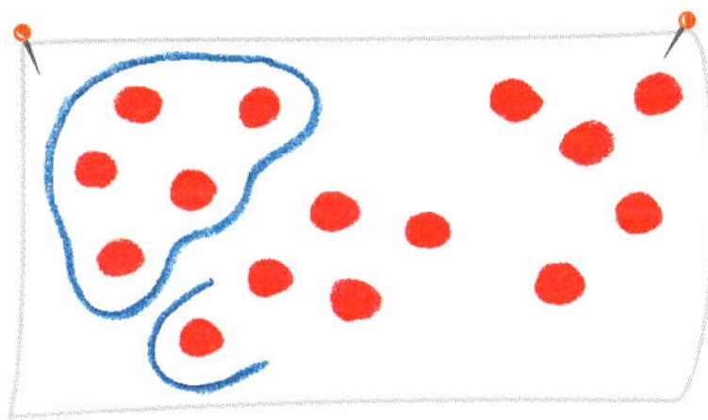

15 : 3 = ☐
15 : 15 = ☐
15 : 1 = ☐

16 : 2 = ☐

16 : 4 = ☐
24 : 4 = ☐
24 : 8 = ☐

3

Corinna baut immer gleich hohe Türme.
Welche Türme kann sie damit bauen, wenn keine Würfel übrig bleiben sollen?

12 : 3 =
12 : ☐ =

10 14 7 25 40 32

4

a) Im Sport werden 4er-Gruppen gebildet. Luca bleibt als einziger übrig. Auch wenn jetzt 3er-Gruppen und dann 2er-Gruppen gebildet werden, bleibt immer nur Luca übrig. Erst bei 5er-Gruppen bleibt niemand übrig! Wie viele Kinder sind es? Begründe!

b) Amelie stellt fest: „In unserer Klasse lässt sich die Anzahl der Mädchen durch 5 und die Anzahl der Jungen durch 6 teilen. Außerdem gibt es 3 Mädchen mehr als Jungen." Wie viele Kinder sind in der Klasse?

1 bis **4** Besonderheiten bei Primzahlen beachten.
1 und **2** Alle Aufgaben können mit Plättchen gelegt werden.

3 Würfeltürme bauen.

1

2

a)

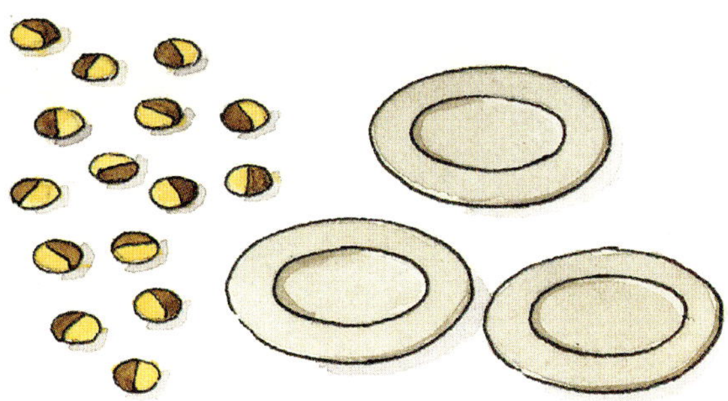

b)

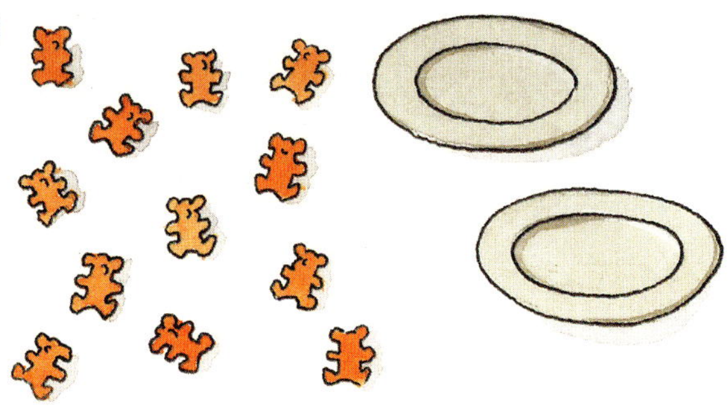

3 Lege Plättchen und verteile.

a) 28 : 4 = ▢
24 : 8 = ▢
20 : 5 = ▢
20 : 10 = ▢

b) 8 : 2 = ▢
16 : 4 = ▢
30 : 5 = ▢
24 : 4 = ▢

4 Verteile 32 Spielkarten …

a) an 4 Kinder.
b) an 2 Kinder.
c) an 8 Kinder.
d) an 16 Kinder.

5 Welche Aufgabe, Frage und Rechnung gehören zusammen?
Schreibe auch die Antwort auf.

48 Karten werden an 8 Kinder verteilt.

14 Mühlesteine werden an 2 Mitspieler verteilt.

12 Setzsteine werden auf 4 Spielfelder verteilt.

Wie viele Karten bekommt jedes Kind?

Wie viele Setzsteine sind auf einem Spielfeld?

Wie viele Mühlesteine bekommt jeder?

▢ : 2 = ▢

▢ : 8 = ▢

▢ : 4 = ▢

Verteilen als weiteres Vorstellungsbild der Division erfassen.
5 3 Sachaufgaben zusammensetzen und lösen.

1

2

15 : 5 =   · 5 =

: 2 =   · 2 =

3

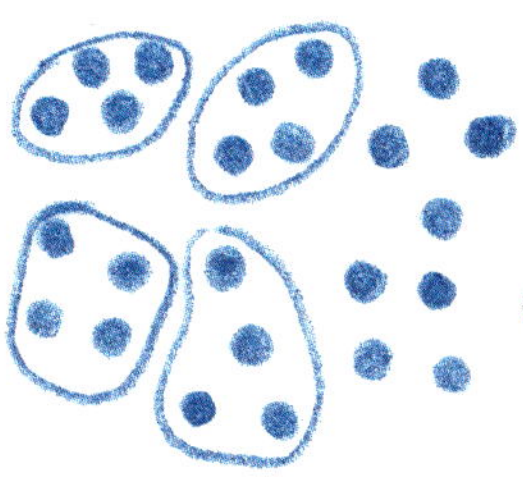

24 : 4 =
· 4 =

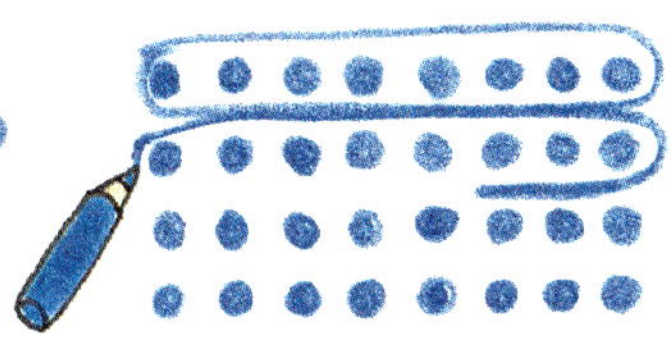

: 8 =
· =

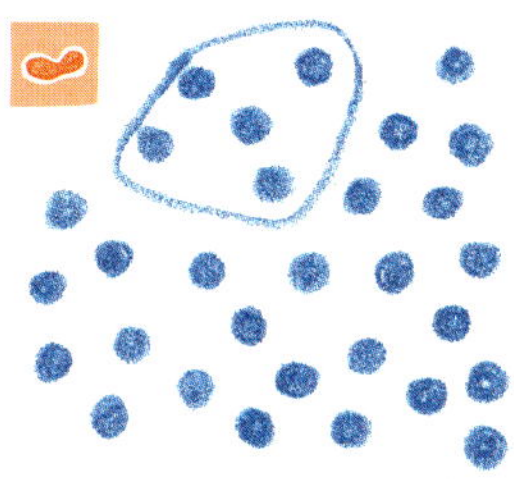

: =
· =

: =
· =

4

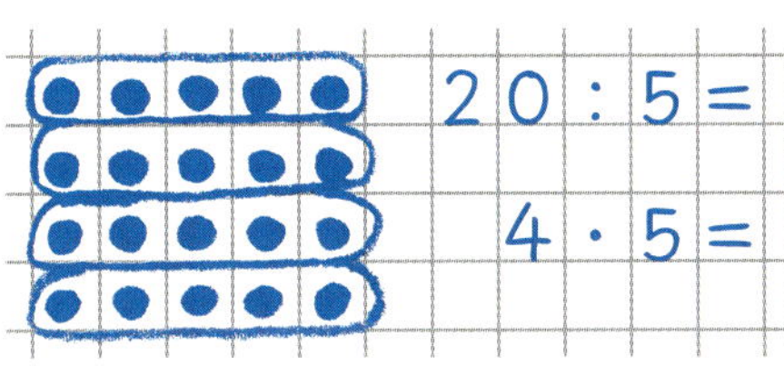

20 : 5	16 : 2	9 · 5
4 · 8	6 · 4	2 · 10
35 : 5	36 : 4	7 · 8

5 Rechne auch die Umkehraufgabe.

a) 40 : 10 =
40 : 4 =
40 : 8 =
40 : 5 =

b) 12 : 3 =
12 : 4 =
12 : 2 =
12 : 6 =

c) 32 : 8 =
16 : 8 =
32 : 4 =
16 : 4 =

d) 15 : 5 =
64 : 8 =
80 : 10 =
24 : 8 =

Division und Multiplikation als Umkehroperationen verstehen.
3 Divisionsaufgabe und Multiplikationsaufgabe aus einer ikonischen Darstellung ablesen.

1

6 · 1 =
1 · 6 =

7 · 1 | 4 · 0 | 1 · 4 | 0 · 3 | 10 · 1 | 1 · 1 | 1 · 0 | 1 · 3 | 9 · 1 | 8 · 0 | 0 · 2 | 0 · 0 | 0 · 1

2

a) 3 + 0 = ☐
3 + 1 = ☐
3 · 0 = ☐
3 · 1 = ☐

b) 6 – 0 = ☐
6 + 0 = ☐
6 · 1 = ☐
6 · 0 = ☐

c) 10 · 0 = ☐
0 · 10 = ☐
10 · 1 = ☐
10 – 0 = ☐

d) 0 · 7 = ☐
0 + 7 = ☐
7 – 7 = ☐
7 · 0 = ☐

e) 1 + ☐ = 1
1 – ☐ = 1
1 – ☐ = 0
1 · ☐ = 0

f) ☐ · 5 = 5
☐ – 5 = 0
☐ · 5 = 0
☐ – 5 = 5

g) 9 · ☐ = 0
☐ – 9 = 0
9 · ☐ = 9
☐ + 9 = 9

h) 0 · ☐ = ☐
☐ · 0 = ☐
☐ · ☐ = 0

Ab dieser Seite werden die Kernaufgaben eingeführt.
2 Empirische Studien zeigen deutlich, dass Additions-, Subtraktions- und v.a. Multiplikationsaufgaben mit Nullen überraschend häufig falsch gelöst werden! Sensibilisiert man jedoch die Schüler für dieses Problem, können zukünftige Fehler wie „0 + 3 = 0“ und „3 · 0 = 3“ eher vermieden werden.

1

·	0	1	2	3	4	5	6	7	8	9	10
0	0	0	0	0	0	0	0	0	0	0	0
1	0	1	2	3	4	5	6	7	8	9	10
2	0	2		6							
3	0	3				15		21	24	27	
4	0	4									
5	0	5		15							
6	0	6									
7	0	7									70
8	0	8									
9	0	9									
10	0	10									

2

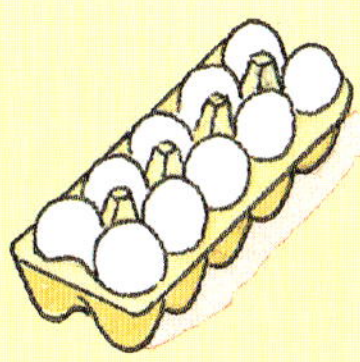
1 · 10 = ☐

5 · 10 = ☐
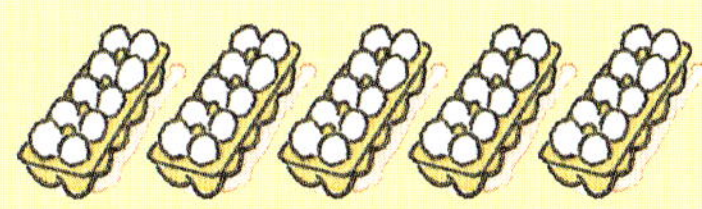

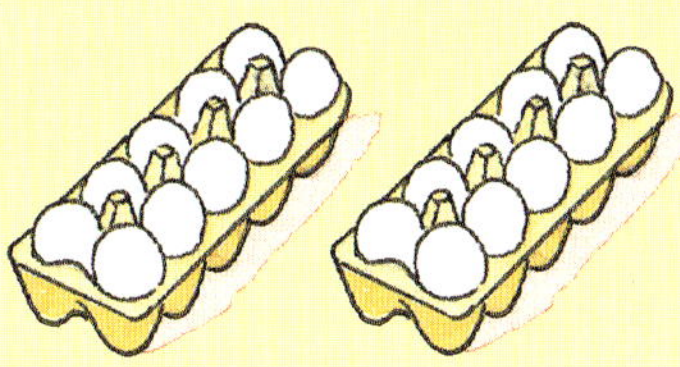
2 · 10 = ☐

10 · 10 = ☐
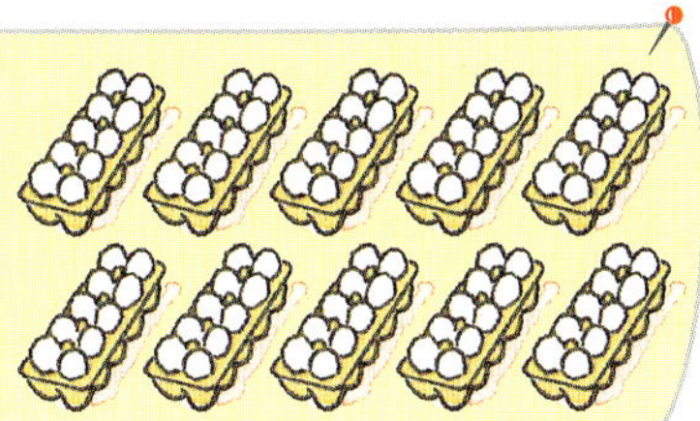

3

a)

5 · 10 = ☐	0 · 10 = ☐	90 = ☐ · 10	1 · 10 = 10
9 · 10 = ☐	3 · 10 = ☐	60 = ☐ · 10	2 · 10 = 2
6 · 10 = ☐	1 · 10 = ☐	50 = ☐ · 10	3 · 10 = ☐
8 · 10 = ☐	4 · 10 = ☐	70 = ☐ · 10	4 · 10 = ☐
			5 · 10 = ☐
			6 · 10 = ☐

b)

70 : 10 = ☐	100 : 10 = ☐	40 : ☐ = 10	7 · 10 = ☐
50 : 10 = ☐	0 : 10 = ☐	☐ : 6 = 10	8 · 10 = ☐
80 : 10 = ☐	10 : 10 = ☐	90 : ☐ = 10	9 · 10 = ☐
30 : 10 = ☐	10 : 1 = ☐	☐ : 10 = 10	10 · 10 = ☐

1 1 · 1 Tafel einführen, Aufgaben lesen (1 · 1 Tafel auf Umschlag nutzen). Einträge während der weiteren Arbeit nach individuellem Schwierigkeitsgrad gestalten (Kopiervorlage).

3 Die Ergebnisse von Multiplikationsaufgaben mit 10 als Zehnerzahlen einprägen, Divisionsaufgaben lösen.

Einmaleins mit 5 und 10

1 Wie viele Finger?

1 · 5 = ☐

5 · 5 = ☐

2 · 5 = ☐

10 · 5 = ☐

2

a) Fünferzahlen vorwärts: 5, 10, …

b) Und nun rückwärts: 50, 45, …

c)

5 · 5 = ☐	50 : 5 = ☐
4 · 5 = ☐	45 : 5 = ☐
8 · 5 = ☐	25 : 5 = ☐
9 · 5 = ☐	20 : 5 = ☐
6 · 5 = ☐	10 : 5 = ☐
7 · 5 = ☐	0 : 5 = ☐

1 · 5 = ☐
2 · 5 = ☐
3 · 5 = ☐
4 · 5 = ☐
5 · 5 = ☐
6 · 5 = ☐
7 · 5 = ☐
8 · 5 = ☐
9 · 5 = ☐
10 · 5 = ☐

3

a)	b)	c)	d)
4 · 10 = ☐	9 · 10 = ☐	30 : 10 = ☐	0 : 10 = ☐
4 · 5 = ☐	9 · 5 = ☐	30 : 5 = ☐	0 : 5 = ☐
6 · 10 = ☐	7 · 10 = ☐	80 : 10 = ☐	70 : 10 = ☐
6 · 5 = ☐	7 · 5 = ☐	40 : 5 = ☐	35 : 5 = ☐

4

5

a) Im Boxtraining sind 24 Kinder. Es sind 5-mal so viele Jungen wie Mädchen. Wie viele Jungen sind es?

b) Beim Waldlauf gehen 31 Kinder an den Start. Hinter Benedikt laufen 5-mal so viele Kinder durchs Ziel wie vor ihm. Welchen Platz belegte Benedikt?

3 **Multiplikationsaufgaben mit 5 durch Halbieren von Zehnerzahlen lösen.**
5 **Lösen durch Probieren.**

1 Wie viele Schuhe?

 □ · 2 = □

□ · 2 = □ 

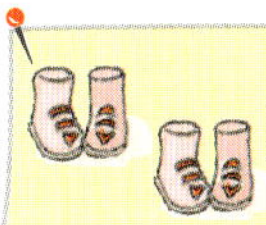 □ · 2 = □

□ · 2 = □ 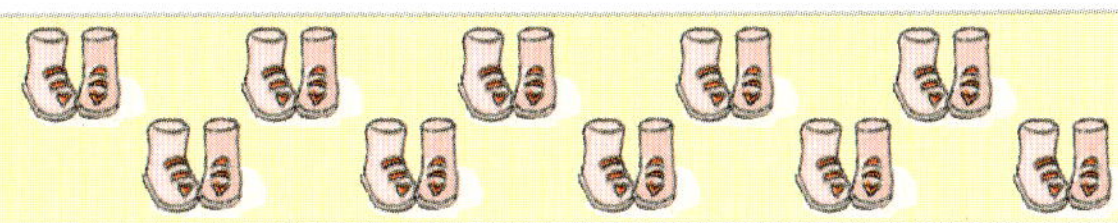

2

a) Zweierzahlen vorwärts: 2, 4, …
b) Und nun rückwärts: 20, 18, …

c)

2 · 2 = □	4 : 2 = □
3 · 2 = □	8 : 2 = □
5 · 2 = □	14 : 2 = □
6 · 2 = □	16 : 2 = □
9 · 2 = □	10 : 2 = □
10 · 2 = □	0 : 2 = □

1 · 2 = □
2 · 2 = □
3 · 2 = □
4 · 2 = □
5 · 2 = □
6 · 2 = □
7 · 2 = □
8 · 2 = □
9 · 2 = □
10 · 2 = □

3 Wie viele sind es?

3 Paar Strümpfe

9 Mützen

4 Paar Rollschuhe

7 Paar Turnschuhe

8 Paar Schlittschuhe

1 Paar Socken

5 Paar Handschuhe

9 Paar Strandschuhe

6 Paar Gummistiefel

4

Maria hilft beim Wäsche aufhängen.
Ihr Vater hat 7 Paar Socken gewaschen.
Wie viele einzelne Socken muss Maria aufhängen?

5

a) Julian sagt: „Das Fünffache meiner Zahl ist um 24 größer als das Doppelte der Zahl."

b) Lisa sagt: „Meine Zahl plus die Hälfte meiner Zahl ist um 4 kleiner als das Doppelte meiner Zahl."

Verdoppeln und halbieren

1

2 Halbiere und verdopple.

2 · 6 =
4 · 6 = 24
8 · 6 =

4 · 6 = 24
2 · 9 = 18
2 · 5 = 10
4 · 5 = 20
2 · 7 = ▢
4 · 3 = ▢
4 · 8 = ▢
5 · 7 = ▢
▢ · ▢ = ▢

3

a) Mara denkt sich eine Zahl. Sie ist die Hälfte von 6 · 10.

b) Jonas denkt sich eine Zahl. Sie ist das Doppelte von 3 · 4.

c) Erkan denkt sich eine Zahl. Sie ist das Doppelte vom Doppelten von 2 · 8.

d) Sanni denkt sich eine Zahl. Sie ist die Hälfte vom Doppelten von 5 · 7.

4

a)

Pinocchios Nase ist 2 cm lang. Bei jeder Lüge verdoppelt sich ihre Länge. Wie lang ist die Nase, nachdem Pinocchio 4-mal gelogen hat?

b)

Eine Seerosenart wächst auf einem See so gut, dass sich ihre Anzahl jeden Tag verdoppelt. Nach 7 Tagen ist der See zugewachsen.
Wann haben die Seerosen den See nur zur Hälfte bedeckt?

1

2 Welche Zahlen kannst du halbieren?
Du kannst mit Plättchen legen.

Zahl	12	18	23	30	46	59
die Hälfte						

gerade Zahlen	0, 2, 4, 6, …
ungerade Zahlen	1, 3, 5, …

3 a) Welche Zahlen lassen sich halbieren? Wie groß ist das Ergebnis?

16 34 61 15

98 77 53 70

102 112

b) Immer mal 2!
Immer mal 5!

1 8 5

10 3 12

4 Was fällt dir auf?

Quadratzahlen

1

1 · 1 =   2 · 2 =   3 · 3 =   4 · 4 =

2

·	0	1	2	3	4	5	6	7	8	9	10
0	0										
1		1									
2			4								
3				9							
4					16						
5						25					
6							36				
7								49			
8									64		
9										81	
10											100

25 = ☐ · ☐
49 = ☐ · ☐

9 = ☐ · ☐
16 = ☐ · ☐

64 = ☐ · ☐
36 = ☐ · ☐

100 = ☐ · ☐
81 = ☐ · ☐

121 = ☐ · ☐
144 = ☐ · ☐

3 Zuerst die Quadratzahlen ausrechnen, dann die Nachbaraufgaben lösen.

a) 5 · 5 = ☐
6 · 5 = ☐
6 · 6 = ☐
7 · 6 = ☐

b) 4 · 4 = ☐
5 · 4 = ☐
5 · 5 = ☐
6 · 5 = ☐

c) 7 · 7 = ☐
7 · 8 = ☐
8 · 8 = ☐
8 · 9 = ☐

d) 8 · 7 = ☐
8 · 8 = ☐
9 · 8 = ☐
9 · 9 = ☐

e) 30 = ☐ · 6
36 = ☐ · 6
42 = ☐ · 7
49 = ☐ · 7

1 **Mit Geo-Plättchen Quadrate legen. Alle Quadrataufgaben ins Heft schreiben. Erarbeiten, dass immer 3, 5, 7, … Geo-Plättchen dazukommen.**

2 **Aufgaben zu den Quadratzahlen finden.**
3 **Strategie zur Erarbeitung der Nachbaraufgaben entwickeln.**

64 — −8 → ☐ — +20 → ☐ — −9 → ☐ — +5 → ☐ — +8 → 80

80 — −6 → ☐ — +9 → ☐ — −60 → ☐ — −9 → ☐ — +7 → ☐ — +40 → ☐ — −5 → ☐ — +4 → 60

64 — −4 → ☐ — −8 → ☐ — +40 → ☐ — −70 → ☐ — −7 → ☐ — +40 → ☐ — −30 → ☐ — −5 → 20

20 — +5 → ☐ — +7 → ☐ — −6 → ☐ — +30 → ☐ — +4 → 60

1

■ · ■ = ■

2

■ : ■ = ■

3 a) 5 · 8 = ☐
7 · 4 = ☐
8 · 2 = ☐
4 · 9 = ☐

b) 3 · 6 = ☐
5 · 5 = ☐
6 · 7 = ☐
8 · 6 = ☐

4 a) 24 : 4 = ☐
35 : 5 = ☐
56 : 7 = ☐
0 : 9 = ☐

b) 28 : 4 = ☐
27 : 9 = ☐
63 : 7 = ☐
48 : 8 = ☐

5 Finde viele Malaufgaben.

40 16

40 = 4 · 10
40 =
40 =

20 25 48 12 56 64 10 32

6 a) Im Raum der Klasse 2a stehen 7 Vierertische. In der Klasse 2c stehen 10 Zweiertische.

b) 9 Kinder tragen Stühle in die Pausenhalle. Jeder Schüler geht zweimal und trägt immer 2 Stühle.

7 a) Bei Reifen-Müller stehen 9 Autos. Sie brauchen alle neue Reifen.

b) Bei Reifencenter Berger warten 7 Autos, 4 Motorräder und 2 Busse. Jeder Bus braucht 6 Reifen und einen neuen Ersatzreifen.

Kalender

1

Januar						
Mo	Di	Mi	Do	Fr	Sa	So
	1	2	3	4	5	6
7	8	9	10	11	12	13
14	15	16	17	18	19	20
21	22	23	24	25	26	27
28	29	30	31			

Februar						
Mo	Di	Mi	Do	Fr	Sa	So
				1	2	3
4	5	6	7	8	9	10
11	12	13	14	15	16	17
18	19	20	21	22	23	24
25	26	27	28			

März						
Mo	Di	Mi	Do	Fr	Sa	So
				1	2	3
4	5	6	7	8	9	10
11	12	13	14	15	16	17
18	19	20	21	22	23	24
25	26	27	28	29	30	31

April						
Mo	Di	Mi	Do	Fr	Sa	So
1	2	3	4	5	6	7
8	9	10	11	12	13	14
15	16	17	18	19	20	21
22	23	24	25	26	27	28
29	30					

Mai						
Mo	Di	Mi	Do	Fr	Sa	So
		1	2	3	4	5
6	7	8	9	10	11	12
13	14	15	16	17	18	19
20	21	22	23	24	25	26
27	28	29	30	31		

Juni						
Mo	Di	Mi	Do	Fr	Sa	So
					1	2
3	4	5	6	7	8	9
10	11	12	13	14	15	16
17	18	19	20	21	22	23
24	25	26	27	28	29	30

Juli						
Mo	Di	Mi	Do	Fr	Sa	So
1	2	3	4	5	6	7
8	9	10	11	12	13	14
15	16	17	18	19	20	21
22	23	24	25	26	27	28
29	30	31				

August						
Mo	Di	Mi	Do	Fr	Sa	So
			1	2	3	4
5	6	7	8	9	10	11
12	13	14	15	16	17	18
19	20	21	22	23	24	25
26	27	28	29	30	31	

September						
Mo	Di	Mi	Do	Fr	Sa	So
						1
2	3	4	5	6	7	8
9	10	11	12	13	14	15
16	17	18	19	20	21	22
23	24	25	26	27	28	29
30						

Oktober						
Mo	Di	Mi	Do	Fr	Sa	So
	1	2	3	4	5	6
7	8	9	10	11	12	13
14	15	16	17	18	19	20
21	22	23	24	25	26	27
28	29	30	31			

November						
Mo	Di	Mi	Do	Fr	Sa	So
				1	2	3
4	5	6	7	8	9	10
11	12	13	14	15	16	17
18	19	20	21	22	23	24
25	26	27	28	29	30	

Dezember						
Mo	Di	Mi	Do	Fr	Sa	So
						1
2	3	4	5	6	7	8
9	10	11	12	13	14	15
16	17	18	19	20	21	22
23	24	25	26	27	28	29
30	31					

a) Vervollständige die Tabelle.

	Monat	Tage
1.	Januar	31
2.	Februar	
3.		

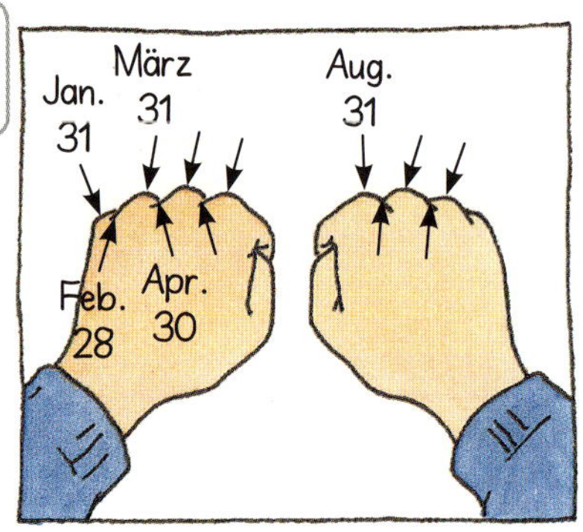

b) Vergleiche die Anzahl der Tage.
Was stellst du fest?

2

a) Ergänze die Kalenderblätter. Wo gibt es mehrere Lösungen?

b) Schreibe das Datum der Kalenderblätter kürzer.

Freitag, 19.7.

c) Zwei Tage vorher, eine Woche später.

Mittwoch, 17.7. ; Freitag, 26.7.

1 Jahreslauf im Kalender entdecken. Monatsnamen und deren Länge aufschreiben. Faustregel kennen lernen und anwenden.

2 Wochentag, Tagesdatum oder Monat finden.

1 Die Kinder der Klasse 2a haben ihre Namen in den Geburtstagskalender geschrieben.

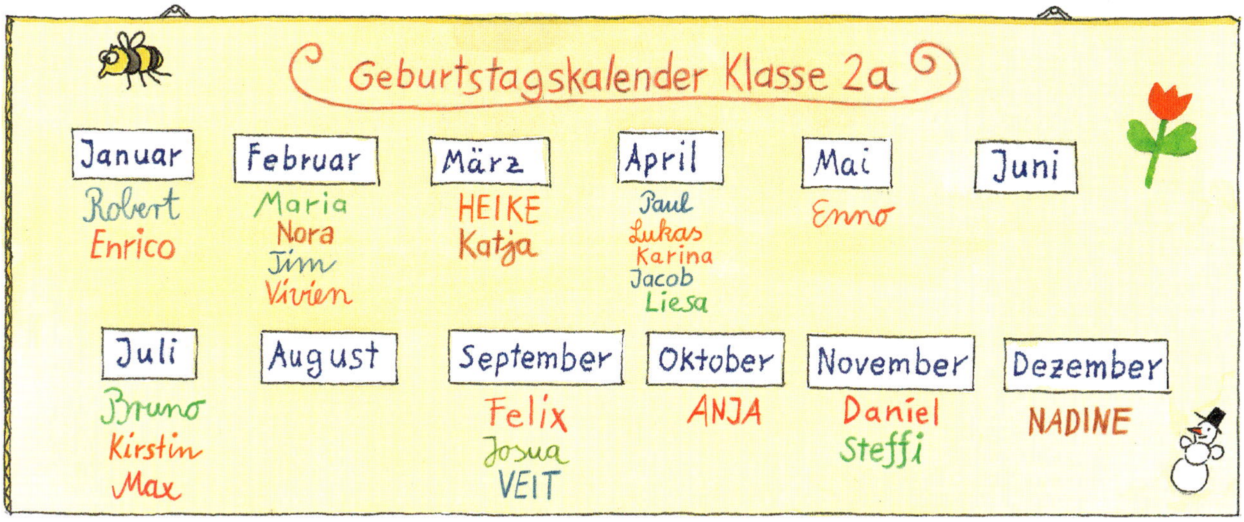

a) Was verrät dir der Kalender?

b) Welche Fragen kannst du mit dem Geburtstagskalender beantworten?

Wie viele Kinder sind in der Klasse?

Wann hat Karina Geburtstag?

In welchem Monat hat kein Kind Geburtstag?

Wann hat die Lehrerin ihren Geburtstag?

Wer hat im Winter Geburtstag?

c) Welche Fragen stellst du?

d) Was würdest du noch in den Kalender schreiben?

e) Wie sieht der Geburtstagskalender deiner Klasse aus? Vergleiche.

2

a) Male Kalenderblätter für die Geburtstage der Kinder.

b) Wie sieht das Blatt für deinen Geburtstag aus?

1 Informationen aus einem Geburtstagskalender entnehmen, Fragen stellen und beantworten.

2 Daten aus Vergangenheit und Zukunft finden und Kalenderblätter anfertigen.

1 a) Auf wie viele Arten können sich die 3 Freunde für ein Foto nebeneinander stellen?

b) Doro kommt dazu. Auf wie viele Arten können sich die Freunde jetzt nebeneinander stellen? Finde viele verschiedene Möglichkeiten.

2 Baue und zeichne.
a) Wie viele verschiedene Türme kann Mara aus ihren 3 Würfeln bauen?
b) Sie nimmt noch einen grünen Würfel dazu. Wie viele verschiedene Vierertürme kann sie jetzt bauen?

3 Trax hat 3 Dreiecke und 2 Quadrate. Zeichne:
a) Wie viele verschiedene Häuser kann er damit legen?
Wie viele Häuser sind möglich, wenn er noch
b) ein gelbes Quadrat dazunimmt?
c) ein gelbes und ein grünes Quadrat dazunimmt?

4 Experimentiere: Wie viele verschiedene Türme können die Kinder aus 4 Steckwürfeln bauen?

Amelie
Ich habe einen roten, einen blauen und 2 gelbe Steckwürfel.

5 Wie viele verschiedene Möglichkeiten hat Julia, um sich anzuziehen?

Aufgaben zur Kombinatorik handelnd und zeichnerisch lösen.

1

Hier muss man um die Ecke denken!

Auf einer Geburtstagstorte brennen 10 Kerzen. 7 davon werden ausgeblasen. Wie viele bleiben übrig?

Ein Frühstücksei muss 5 Minuten kochen. Wie lange müssen 3 Frühstückseier kochen?

Lies dir jede Aufgabe genau durch, bevor du sie löst.

2 Welche Aufgaben kannst du lösen?

a) Herr Maier hat 4 Söhne. Jeder hat eine Schwester. Wie viele Kinder hat Herr Maier?

b) Alex ist 8 Jahre alt und geht in die zweite Klasse. Wie viele Geburtstage hat er?

c) Clara hat sich 3 Kugeln Eis gekauft. Nach dem Bezahlen gab ihr der Verkäufer 1 € Rückgeld. Wie teuer war das Eis?

d) Zum Kindergeburtstag von Jan kommen 4 Kinder. Jans Mutter hat 13 Äpfel. Was macht sie, damit jeder gleich viel bekommt?

e) Die Kinder von Frau Müller sind 7 Jahre, 12 Jahre und 14 Jahre alt. Wie alt ist Frau Müller?

f) Uta sitzt in einem Boot auf dem Meer. Die Bootsleine hängt 20 cm tief im Wasser. Da die Flut kommt, steigt das Wasser um 1 m. Wie tief hängt die Leine jetzt im Wasser?

g) Frau Schmidt schenkt Tim, Lars und Jonas einen Korb mit 24 Nüssen. Frau Schmidt meint: „Jeder soll gleich viele Nüsse bekommen und trotzdem soll eine im Korb bleiben!"

3 Erfinde selbst solche Aufgaben für die Sachrechenkartei.

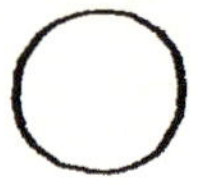 ☐ + ☐ = ☐  ☐ + ☐ = ☐  ☐ + ☐ = ☐

 ☐ + ☐ = ☐  ☐ + ☐ = ☐  ☐ + ☐ = ☐

Additionsaufgaben im Bild finden und im Heft notieren.

1

2 Wie rechnest du? Erkläre deinem Partner.

a) 45 + 34 = ___
45 + 32 = ___
42 + 36 = ___
41 + 38 = ___

b) 37 + 12 = ___
25 + 53 = ___
61 + 24 = ___
23 + 76 = ___

49 59 77 78 79 85 94 97 98 99

c) 18 + 41 = ___
42 + 43 = ___
32 + 67 = ___
15 + 82 = ___

d) 62 + 15 = ___
38 + 21 = ___
31 + 63 = ___
46 + 52 = ___

3 Welcher Angler fängt welche Fische?

4

30 + 23 + 14 = ___
56 + 20 + 12 = ___
40 + 19 + 30 = ___
21 + 43 + 32 = ___
64 + 9 + 16 = ___

17 + 51 + 20 = ___
30 + 35 + 11 = ___
42 + 20 + 28 = ___
24 + 33 + 10 = ___
58 + 31 + 7 = ___

5

a) 41 + 38 = ___
42 + 37 = ___
43 + 36 = ___
44 + ___ = ___

b) 11 + 12 = ___
21 + 15 = ___
31 + 18 = ___
41 + ___ = ___

1 und **2** Verschiedene Lösungswege für das halbschriftliche Addieren kennen lernen, vergleichen und individuell anwenden.

3 Lösen der Additionsaufgaben im Heft. Ergebniskontrolle durch Einkreisen gleicher Ergebnisse mit der gleichen Farbe.

Plusaufgaben mit Zehnerübergang

1

2 Wie rechnest du? Erkläre deinem Partner.

a) 47 + 18 = ☐
27 + 38 = ☐
57 + 28 = ☐
77 + 18 = ☐

b) 76 + 16 = ☐
46 + 39 = ☐
26 + 55 = ☐
59 + 36 = ☐

41 65 70 74 81 82 85 92 95

c) 69 + 13 = ☐
47 + 45 = ☐
15 + 66 = ☐
28 + 46 = ☐

d) 38 + 57 = ☐
14 + 56 = ☐
63 + 19 = ☐
29 + 12 = ☐

3 Hüpf im Päckchen.

a) 14 + 9 = ☐
56 + 37 = ☐
93 + 6 = ☐
41 + 15 = ☐
23 + 18 = ☐
Ziel: 99

b) 7 + 15 = ☐
51 + 4 = ☐
73 + 27 = ☐
22 + 29 = ☐
55 + 18 = ☐
Ziel: 100

c) 13 + 8 = ☐
62 + 19 = ☐
21 + 16 = ☐
81 + 17 = ☐
37 + 25 = ☐
Ziel: 98

d) 6 + 17 = ☐
23 + 9 = ☐
58 + 15 = ☐
32 + 26 = ☐
73 + 24 = ☐
Ziel: 97

4 Aufgabe oder Tauschaufgabe: Welche Aufgabe fällt dir leichter?

82 + 10	77 + 15	4 + 56
19 + 42	35 + 36	24 + 57
17 + 78	0 + 77	57 + 8

5

33

8		12
	11	

33

14	7	
9		

99

24		36
30		

99

	33	27
		42

1 und 2 Verschiedene Lösungwege für das halbschriftliche Addieren kennen lernen, vergleichen und individuell anwenden.

3 Das Ergebnis einer Aufgabe ist die erste Zahl der nächsten Aufgabe.

1

2

a) 19 + ▢ = 99
19 + ▢ = 98
16 + ▢ = 96
16 + ▢ = 94

b) 43 + ▢ = 100
44 + ▢ = 100
56 + ▢ = 100
18 + ▢ = 100

30 44 55 56 57 65 78 79 80 82

c) ▢ + 26 = 82
▢ + 39 = 96
▢ + 17 = 61
▢ + 12 = 42

d) 24 + ▢ = 79
▢ + 9 = 74
33 + ▢ = 98
▢ + 25 = 55

3

a)

17 + 15	
+ +	+
49 + 19	
+	

b)

27 + 19	
+ +	+
35 + 18	
+	

c)

23 + 19	
+ +	+
8 + 48	
+	

Fehlersuche: Welche Zahl stimmt nicht?

d)

29 + 12	41
+ +	+
17 + 39	57
47 + 51	98

e)

23 + 38	61
+ +	+
19 + 17	36
42 + 65	97

f)

8 + 25	33
+ +	+
46 + 16	62
54 + 31	95

4

a) 34 + ▢ = 82
▢ + 60 = 76
59 + ▢ = 71
57 + 35 = ▢

b) 42 ▢8 = 100
4▢ 38 = ▢1
11 + ▢9 = 9▢
▢0 + 5▢ = 82

c) 7▢ 7 = 85
▢5 + 69 = 9▢
18 + 7▢ = ▢3
3▢3 = 89

4 Klecksaufgaben: unter den Klecksen sind Zahlen oder Rechenzeichen versteckt. Lösungsstrategien entwickeln.

Minusaufgaben ohne Zehnerübergang

1

2 Welche Aufgaben haben die Kinder gerechnet?

a) 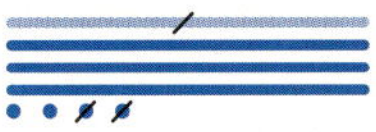

b) 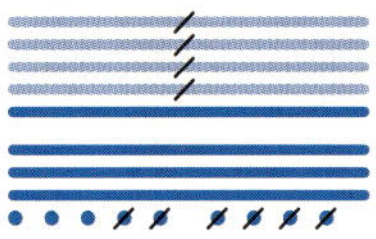

c) 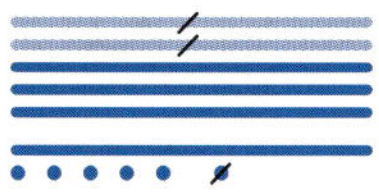

d) 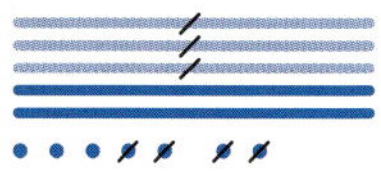

3 Wie rechnest du? Erkläre deinem Partner.

a)	b)	c)	d)
57 – 23 = ▢	78 – 15 = ▢	58 – 25 = ▢	99 – 66 = ▢
47 – 23 = ▢	79 – 16 = ▢	65 – 52 = ▢	77 – 44 = ▢
37 – 23 = ▢	87 – 32 = ▢	84 – 42 = ▢	55 – 22 = ▢
27 – 13 = ▢	85 – 73 = ▢	48 – 24 = ▢	66 – 11 = ▢

4

a) 

🟦 – 🟨 = 🟩

b) 

🟦 – 🟨 = 🟩

c) Finde die passenden Zahlen.

🟦 – 🟦 – 🟦 = 10

🟨 – 🟨 – 🟨 = 3

🟩 – 🟩 – 🟩 = 0

🟦 – 🟨 – 🟩 = 1

1 Verschiedene Rechenwege für das halbschriftliche Subtrahieren kennen lernen, vergleichen und individuell anwenden. Eigene Lösungswege begründen.

Rechenhilfen und Veranschaulichungen nutzen.

1

a)

	89	
44		
30		

b)

	99		
	42		
37			
	13		

c)

	37	
23		
		11

d)

	98		
43			
21			
		12	

e)

	97		
53			
		23	
		11	

f)

	100		
	56		
		33	
			11

2

Rechne die Umkehraufgabe als Probe.

a) 65 – ▢ = 33
72 – ▢ = 21
37 – ▢ = 16
54 – ▢ = 32
28 – ▢ = 14

65 – 32 = 33
Probe:
33 + 32 =

b) ▢ – 33 = 11
▢ – 4 = 93
▢ – 12 = 7
▢ – 35 = 22
▢ – 58 = 41

3

a)

	+		
+		+	+
	+	13	24
	+	35	78

b)

	+		
+		+	+
	+	16	17
	+	28	69

c)

	+		
+		+	+
	+	31	73
	+	44	97

Fehlersuche: Welche Zahl stimmt nicht?

d)

12	+	22	34
+		+	+
40	+	25	65
51	+	47	99

e)

11	+	24	35
+		+	+
31	+	22	53
42	+	46	86

f)

23	+	21	44
+		+	+
24	+	19	33
47	+	30	77

4

–13	
69	
49	
29	
59	
89	

14 16 21 36 42 46 50 56 63 76

–34	
55	
97	
84	
76	
48	

–41	
68	
	14
79	
	32
57	

14 16 27 33 38 55 73 76

–25	
39	
	13
58	
	51
98	

2 Einführung der Umkehraufgabe als Probe zur Ergebniskontrolle.

Minusaufgaben mit Zehnerübergang

1

2 Wie rechnest du? Erkläre deinem Partner.

a)	b)		c)	d)
43 – 16 =	95 – 48 =	16 18 19	37 – 18 =	81 – 23 =
83 – 26 =	75 – 17 =	27 28	45 – 27 =	96 – 29 =
73 – 46 =	55 – 39 =	47 57 58	77 – 59 =	53 – 25 =
63 – 16 =	85 – 27 =	67	62 – 44 =	36 – 17 =

3 Hüpf im Päckchen.

97 – 19 =	96 – 17 =
38 + 47 =	82 – 69 =
80 – 74 =	75 – 28 =
55 – 17 =	27 – 19 =
67 + 25 =	13 + 48 =
78 – 23 =	79 – 4 =
92 – 12 =	47 + 35 =
85 – 18 =	61 – 34 =
Ziel: 6	Ziel: 8

4 Immer 3 Fische haben dasselbe Ergebnis.

5

a) 80 – 48 = ■
65 – ■ = 56
■ – 35 = 38
94 – ■ = 16

b) 4■ – ■6 = 5
8■ – 59 = ■4
90 – ■2 = 1■
■2 – 64 = 1■

c) 97 – 40 ■ 29 = 2■
2■ 66 + 5 = 92
13 – ■ 41 = 47
54 ■ 36 – ■9 = ■1■

1 **Tragfähigkeit der bisher kennen gelernten Lösungswege prüfen (Zehner minus Zehner, Einer minus Einer kann zu negativen Zahlen führen). Entbündelung eines Zehners thematisieren.**

1

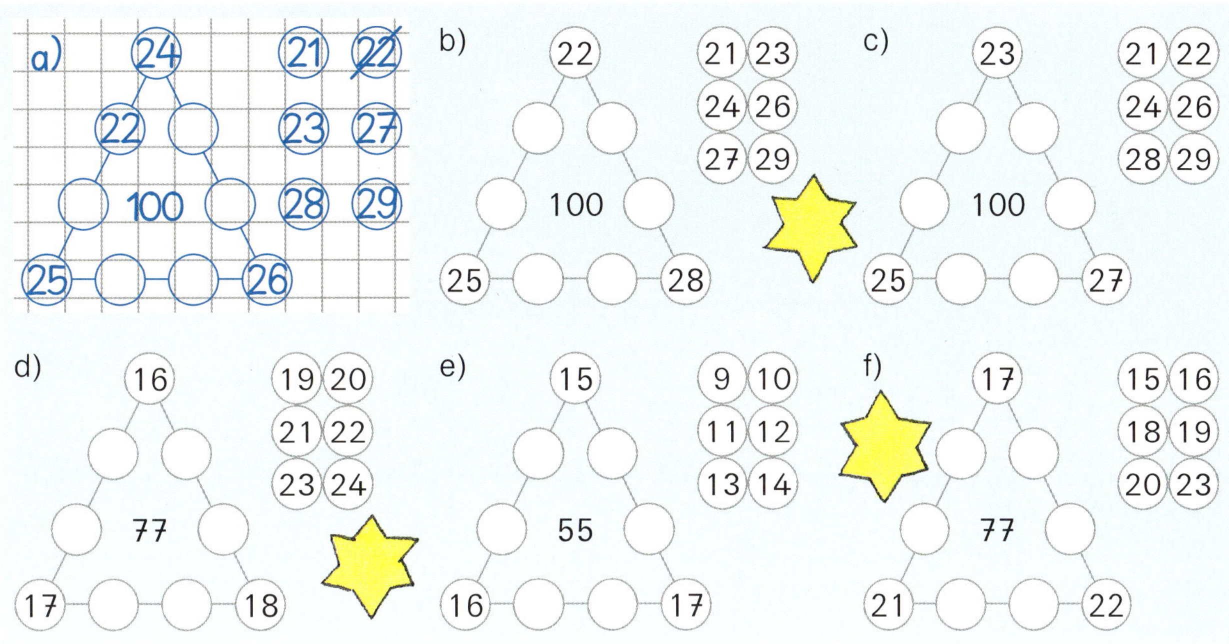

Probiere. Findest du jeweils mehrere Lösungen?

2

a)

18		
	20	
		22

12 14 16 24 26 28

b)

17	25	33

19 21 23 27 29 31

c)

		29
	30	
31		

26 27 28 32 33 34

3

a)

b) Stelle nun selbst Zauberquadrate her.

2 und **3** Durch Probieren mit Zahlenkärtchen lösen.

Vorteilhaft rechnen

1

2 Wie rechnest du?

a) 43 + 29 = ▢
36 + 29 = ▢
65 + 29 = ▢

b) 49 + 26 = ▢
39 + 53 = ▢
29 + 63 = ▢

c) 34 + 28 = ▢
46 + 28 = ▢
18 + 54 = ▢

3

a) 36 – 19 = ▢
62 – 39 = ▢
85 – 59 = ▢

b) 52 – 29 = ▢
91 – 79 = ▢
73 – 49 = ▢

c) 41 – 18 = ▢
41 – 28 = ▢
63 – 48 = ▢

d) 82 – 28 = ▢
94 – 78 = ▢
55 – 18 = ▢

4 Immer 3 Fische haben dasselbe Ergebnis.

Rechenvorteile für Aufgaben mit Zahlen nahe einer Zehnerzahl erkennen.

1

a) Rechne mit jedem Zahlendreher-Paar eine Minusaufgabe.

b) Ordne die Ergebnisse der Größe nach. Beginne mit dem kleinsten. Was fällt dir auf?

64 6 – 4 = ▢
also 2 · ▢ = ▢

c) Erfinde eigene Zahlendreher-Paare und probiere ob der Trick funktioniert.

d) Wie viele Paare mit dem Ergebnis 27 findest du?

e) Wie viele Paare mit den Ergebnissen 9 und 18 gibt es?

f) Wie viele Zahlendreher-Paare gibt es eigentlich?

2

21 + 12 = ▢
31 + 13 = ▢
41 + 14 = ▢
81 + 18 = ▢

a) Rechne die Plus-Paare. Was fällt dir auf?

b) Wie viele Plus-Paare mit dem Ergebnis 99 findest du?

61 6 + 1 = ▢
also ist das Ergebnis ▢.

c) Wie viele Plus-Paare mit den Ergebnissen 77 und 88 gibt es?

d) Gibt es auch Plus-Paare mit den Ergebnissen 11 und 22?

1

Kevin hat ▢ Euro ▢ Cent. | Sabrina hat ▢ Euro ▢ Cent. | Stefanie hat ▢ Euro ▢ Cent. | Ali hat ▢ Euro ▢ Cent.

a) Wer hat am meisten, wer hat am wenigsten Geld?
b) Ordne die Beträge nach der Größe.

!!!

1 Euro = 100 Cent

1 € = 100 ct

2

Lege mit Rechengeld.

a) Wie viel fehlt bis 2 Euro?

1 € 35 ct + ▢ ct = 2 €

1 € 35 ct	1 € 19 ct	1 € 9 ct
1 € 58 ct	1 € 6 ct	1 € 59 ct

b) Wie viel fehlt bis zum nächsten Euro?

3 € 85 ct	7 € 14 ct	10 € 99 ct
5 € 42 ct	8 € 44 ct	13 € 30 ct
6 € 1 ct	9 € 94 ct	12 € 5 ct
2 € 33 ct	4 € 4 ct	19 € 6 ct

3

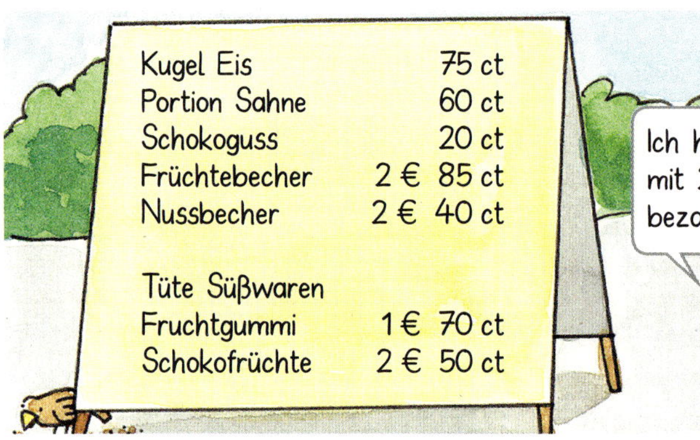

a) Ivo kauft sich eine Kugel Erdbeereis mit Schokoguss.
b) Maria kauft sich einen Nussbecher mit Sahne.
Reicht ihr Geld noch für Schokofrüchte?
c) Jule nimmt das Gleiche wie Ivo.
Wie viel Geld hat sie noch?
d) Ben hat eine Tüte Süßwaren gekauft und 7 € 50 ct Rückgeld bekommen.
e) Erfinde eigene Aufgaben.

1 Geldbeträge vergleichen durch Bündelung von Euro und Cent. 2 Beim Vergleichen von Geldbeträgen können zur Kontrolle die Beträge mit Spielgeld gelegt werden.

3 Informationen aus dem Bild entnehmen, Aufgaben lösen und antworten. Bei Bedarf Einkaufssituation nachspielen.

99 —(−82)→ ☐ —(+27)→ ☐ —(+56)→ ☐ —(−89)→ ☐ —(+88)→ 99

99 ↓ (−60) ☐ ↓ (−20) ☐ ↓ (+37) ☐ ↓ (+29) ☐ ↓ (−69) ☐ ↓ (+55) ☐ ↓ (−53) ☐ ↓ (+81) 99

99 ↓ (−58) ☐ ↓ (−15) ☐ ↓ (−18) ☐ ↓ (+49) ☐ ↓ (−29) ☐ ↓ (+37) ☐ ↓ (+16) ☐ ↓ (+18) 99

1 Immer 3 Fische haben dasselbe Ergebnis.

2

+	40	39	37		35
19					
28					
37				70	
		85			

−	23	25		27	21
60					
58			29		
56					
				27	

3

98 − 89 = ☐
97 − 79 = ☐
96 − 69 = ☐
95 − 59 = ☐

79 + 14 = ☐
75 − 18 = ☐
71 + 22 = ☐
67 − 26 = ☐

58 + 37 = ☐
57 − 36 = ☐
55 + 34 = ☐
52 − 31 = ☐

4 **Spiel: Hausnummern würfeln**

Ihr braucht:
jeder einen Würfel
jeder ein Haus mit 4 Fenstern

Ziel:
Wer die höchste Hausnummer ausrechnen kann, gewinnt.

So geht es:
Jeder würfelt viermal und schreibt in jedes Fenster eine gewürfelte Augenzahl. Die Zahlen in den Fenstern untereinander malnehmen, Ergebnisse zusammenzählen.

15 + 12 = ☐

1 Erik (8 Jahre) geht am Wochenende mit seinen Eltern und seiner Schwester Mia (3 Jahre) in den Erlebnispark.

Erlebnispark Schloss Thurn

Öffnungszeiten

Juni/Juli/ August:	10.00 – 19.00 Uhr
Mai/September:	10.00 – 18.00 Uhr

Eintrittspreise

Erwachsene:	13 € 50 ct
Kinder (bis 12 Jahre)	11 € 50 ct
Kinder (bis 4 Jahre)	frei
Schulklassen (pro Kind)	10 €

a) Wie viel kostet der Eintritt für Mia?
b) Wie viel kostet der Eintritt für einen Erwachsenen und ein 5 Jahre altes Kind?
c) Wie lange hat der Park im Juni geöffnet?
d) Stelle noch mehr Fragen und beantworte sie.

Wann ...

Wie teuer ...

Wie viele Stunden ...

2 Welche Fragen kannst du beantworten?

Hobbys der Klasse 2a

Hobby	Kinder
Fußball spielen	5
fernsehen	7
Computer spielen	5
mit Freunden spielen	6
schwimmen	1
ein Instrument spielen	2
Bücher lesen	3
Comics lesen	2

a) Wie viele Kinder sitzen gern vor dem Bildschirm?

b) Wie viele Mädchen spielen gern Fußball?

c) Wie viele Kinder treiben in ihrer Freizeit nicht so gern Sport?

d) Wie viele Kinder lesen gern in ihrer Freizeit?

e) Finde noch weitere Fragen.

3 Stelle Fragen und beantworte sie.

Minigolf

von 10.00 Uhr – 19.00 Uhr geöffnet

Eintrittspreise

Kinder bis 14 Jahre	2 € 50 ct
Jugendliche bis 18 Jahre	3 €
Erwachsene	4 €
Wochenkarte für Kinder	7 €

Name: Rico

Bahn	Punkte
1	4
2	3
3	2
4	6
5	1
6	4
Summe	☐

Name: Nele

Bahn	Punkte
1	4
2	1
3	3
4	6
5	3
6	2
Summe	☐

1 Fragen beantworten, weitere Fragen zur Infotafel stellen.
2 und 3 Fragen stellen, auf ihre Lösbarkeit überprüfen und gegebenenfalls beantworten. Weitere Fragen finden.

1 a) Passen alle Rechengeschichten zur vorgegebenen Gleichung?

$13 + \square = 28$

Dennis hat 13 Fotos von bekannten Fußballspielern.
Er und Till haben zusammen 28 Bilder.

Laura hat 28 Euro.
Sie hat 13 Euro mehr als ihre Schwester Lea.

Auf einem Baum sitzen 28 Vögel. 13 kommen noch dazu.

Skizze:

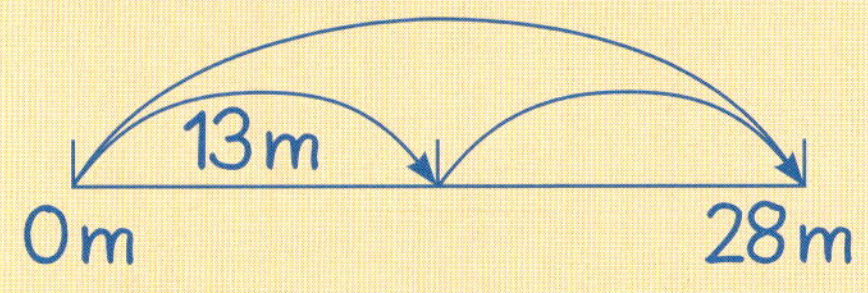

b) Welche Gleichung fehlt? Begründe.

2 a) Welche Kinder haben richtig überlegt? Erkläre.

Max kauft sich 9 Monate lang eine Kinderzeitschrift für 2 Euro und ein Comic-Heft für 1 Euro. Er rechnet aus, wie viel Geld er dafür ausgibt.

Eric
$9 \cdot 3\,€ = \quad €$

Alex
$18\,€ + 9\,€ = \quad €$

Sarah
$2\,€ \cdot 9 = 18\,€$
$1\,€ \cdot 9 = 9\,€$
$18\,€ + 9\,€ = \quad €$

Sina
$1\,€ + 2\,€ = \quad €$

b) Erfinde weitere Rechengeschichten zu den Gleichungen.

3 a) Was gehört zusammen? Begründe.

Auf einem Karussell sitzen 34 Kinder. Bei der nächsten Fahrt sind es 7 Kinder mehr.

Von den 34 Bäumen auf dem Schulhof verlieren 7 im Winter ihre Blätter.

$3 \cdot 4 + 7 = \square$

$34 - 7 = \square$

$34 + 7 = \square$

Lenas Mama ist 34 Jahre alt. Ihr Papa ist 7 Jahre älter als ihre Mama.

In der Klasse 2c sitzen Kinder an 3 Vierertischen. Alle Vierertische sind besetzt. Weiter 7 Kinder sitzen an Zweiertischen oder einzeln.

b) Schreibe noch andere Rechengeschichten zu den Gleichungen.

2 **Passende Gleichungen erkennen und begründen.**

Kernaufgaben zuerst

1

·	0	1	2	3	4	5	6	7	8	9	10
0											
1		1	2	3	4	5	6	7	8	9	10
2		2	4	6	8	10	12	14	16	18	20
3				9							
4					16						
5		5	10	15	20	25	30	35	40	45	50
6							36				
7								49			
8									64		
9										81	
10		10	20	30	40	50	60	70	80	90	100

2

a)
1 · 3 =
2 · 3 =
5 · 3 =
10 · 3 =

b)
1 · 4 =
2 · 4 =
5 · 4 =
10 · 4 =

c)
1 · 6 =
2 · 6 =
5 · 6 =
10 · 6 =

d)
 · 7 =
 · 7 =
 · 7 =
 · 7 =

e)
 · 8 =
 · 8 =
 · 8 =
 · 8 =

f)
 · 9 =
 · 9 =
 · 9 =
 · 9 =

3 Zuerst die Kernaufgaben, dann die Nachbaraufgaben lösen.

a)
2 · 6 =
3 · 6 =
4 · 6 =

2 · 4 =
3 · 4 =
4 · 4 =

b)
2 · 9 =
3 · 9 =
4 · 9 =

2 · 3 =
3 · 3 =
4 · 3 =

c)
2 · 8 =
3 · 8 =
4 · 8 =

2 · 7 =
3 · 7 =
4 · 7 =

4

4 · 4 =
5 · 4 =
6 · 4 =

4 · 6 =
5 · 6 =
6 · 6 =

7 · 7 =
8 · 7 =
9 · 7 =

9 · 8 =
10 · 8 =
11 · 8 =

1 **Die Ergebnisse der Kernaufgaben in eine 1 · 1 Tafel eintragen (Kopiervorlage).**

3 **und** **4** **Nachbaraufgaben mithilfe der Kernaufgaben und der Quadratzahlen lösen.**

1

2 Welche Aufgaben helfen dir?

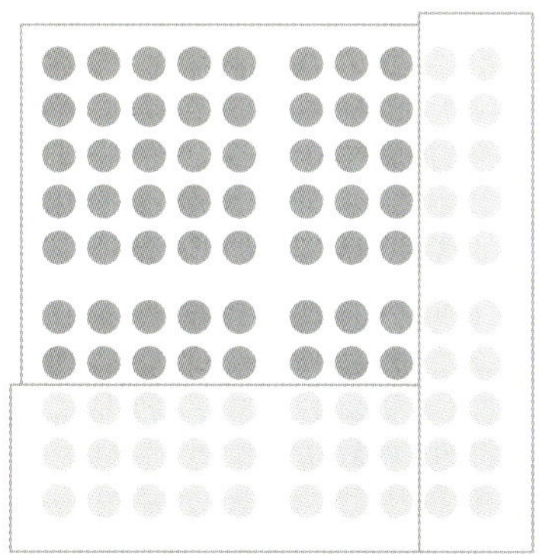

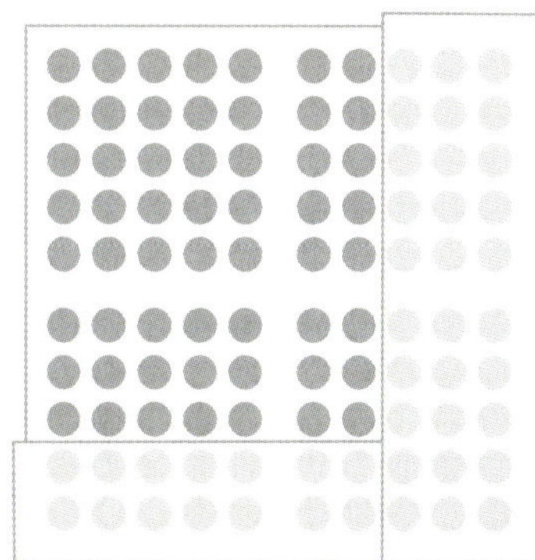

3 Zeige am Hunderterfeld und rechne wie Laris.

a)
5 · 4 = ☐
2 · 4 = ☐
7 · 4 = ☐

b)
6 · 6 = ☐
1 · 6 = ☐
7 · 6 = ☐

c)
5 · 9 = ☐
1 · 9 = ☐
6 · 9 = ☐

d)
3 · 7 3 · 9
6 · 4 7 · 9

4 Zeige am Hunderterfeld und rechne wie Naomi.

a)
10 · 3 = ☐
1 · 3 = ☐
9 · 3 = ☐

b)
5 · 6 = ☐
1 · 6 = ☐
4 · 6 = ☐

c)
10 · 6 = ☐
2 · 6 = ☐
8 · 6 = ☐

d)
5 · 8 = ☐
2 · 8 = ☐
3 · 8 = ☐

e)
4 · 8
8 · 9
6 · 8
4 · 9
4 · 7

Durch Addition und Subtraktion von Kernaufgaben und evtl. Quadratzahlen weitere Aufgaben erschließen.

Einmaleins mit 4

1 Wie viele Hunde? Wie viele Pfoten? Wie viele …?

2 a) Viererzahlen vorwärts: 4, 8, … b) Und nun rückwärts: 40, 36, …

1 · 4 =
2 · 4 =
3 · 4 =
4 · 4 =
5 · 4 =
6 · 4 =
7 · 4 =
8 · 4 =
9 · 4 =
10 · 4 =

c)	d)	e)
2 · 4 =	5 · 4 =	40 : 4 =
3 · 4 =	2 · 4 =	32 : 4 =
4 · 4 =	7 · 4 =	24 : 4 =
5 · 4 =	10 · 4 =	12 : 4 =
6 · 4 =	1 · 4 =	20 : 4 =
7 · 4 =	9 · 4 =	28 : 4 =
10 · 4 =	4 · 4 =	36 : 4 =
9 · 4 =	4 · 4 =	16 : 4 =
8 · 4 =	8 · 4 =	0 : 4 =

3 Wie viele Beine?

3 Katzen

10 Kühe
8 Hühner
5 Schildkröten

2 Hunde
8 Frösche
3 Regenwürmer
3 Spinnen
7 Mäuse

4

a) Auf einem Bauernhof gibt es gleich viele Hühner und Schweine. Zusammen haben sie 36 Beine. Wie viele Hühner leben hier?

b) In einem Tiergehege sind Hühner und Kaninchen untergebracht. Sie haben zusammen 10 Köpfe und 32 Beine. Wie viele Hühner sind es?

1 Wie viele Spinnen? Wie viele Beine? Wie viele … ?

2 a) Achterzahlen vorwärts: 8, 16, … b) Und nun rückwärts: 80, 72, …

1 · 8 =
2 · 8 =
3 · 8 =
4 · 8 =
5 · 8 =
6 · 8 =
7 · 8 =
8 · 8 =
9 · 8 =
10 · 8 =

c)
4 · 8 =
5 · 8 =
6 · 8 =

2 · 8 =
3 · 8 =
4 · 8 =

10 · 8 =
9 · 8 =
8 · 8 =

d)
5 · 8 =
1 · 8 =
6 · 8 =

5 · 8 =
2 · 8 =
7 · 8 =

10 · 8 =
1 · 8 =
9 · 8 =

e)
80 : 8 =
40 : 8 =
0 : 8 =

64 : 8 =
16 : 8 =
32 : 8 =

56 : 8 =
24 : 8 =
48 : 8 =

3 a)

b) Es gibt 4 verschiedene Malpyramiden, bei denen die Zahl 64 oben an der Spitze steht. Finde die Malpyramiden. Betrachte die Lösungen. Was fällt dir auf? Schreibe es auf.

3 **Multiplikative Rechenmauern: Die Zahlen von 2 nebeneinander liegenden Steinen miteinander multiplizieren und das Ergebnis in den darüber liegenden Stein eintragen.**

Einmaleins mit 3

1

2

a) Dreierzahlen vorwärts: 3, 6, …

b) Und nun rückwärts: 30, 27, …

1 · 3 =
2 · 3 =
3 · 3 =
4 · 3 =
5 · 3 =
6 · 3 =
7 · 3 =
8 · 3 =
9 · 3 =
10 · 3 =

c)	d)	e)
2 · 3 =	5 · 3 =	0 : 3 =
3 · 3 =	1 · 3 =	30 : 3 =
4 · 3 =	4 · 3 =	3 : 3 =
10 · 3 =	5 · 3 =	9 : 3 =
9 · 3 =	2 · 3 =	18 : 3 =
8 · 3 =	7 · 3 =	27 : 3 =
5 · 3 =	10 · 3 =	24 : 3 =
6 · 3 =	1 · 3 =	12 : 3 =
7 · 3 =	9 · 3 =	21 : 3 =

3

7 · 3 =
30 : 3 =
24 : 4 =
10 · 8 =
21 : 7 =
6 · 5 =
3 · 8 =

Ziel: 80

5 · 3 =
9 · 8 =
12 : 2 =
18 : 2 =
3 · 4 =
6 · 3 =
15 : 5 =

Ziel: 72

4

Chiara-Marie
Ich denke mir eine Zahl. Sie gehört zur 3er- und zur 10er-Reihe.

Leon
Ich denke mir eine Zahl. Sie gehört zur 8er- und 3er-Reihe.

Jan
Ich denke mir 5 Zahlenpaare aus der 3er- und 4er-Reihe. Bei jedem Zahlenpaar ist eine Zahl um 1 größer als die andere.

Franka
Ich denke mir 4 Zahlenpaare aus der 3er- und 5er-Reihe. Bei jedem Zahlenpaar ist eine Zahl um 2 größer als die andere.

4 Die Zahlenpaare werden so gebildet, dass eine Zahl aus der ersten Reihe und die andere Zahl aus der zweiten Reihe stammt.

1

2

a) Sechserzahlen vorwärts: 6, 12, …

b) Und nun rückwärts: 60, 54, …

1 · 6 =
2 · 6 =
3 · 6 =
4 · 6 =
5 · 6 =
6 · 6 =
7 · 6 =
8 · 6 =
9 · 6 =
10 · 6 =

c)
5 · 6 =
6 · 6 =
7 · 6 =

2 · 6 =
3 · 6 =
4 · 6 =

10 · 6 =
9 · 6 =
8 · 6 =

d)
5 · 6 =
2 · 6 =
7 · 6 =

5 · 6 =
1 · 6 =
4 · 6 =

10 · 6 =
1 · 6 =
9 · 6 =

e)
54 : 6 =
42 : 6 =
24 : 6 =

18 : 6 =
60 : 6 =
6 : 6 =

30 : 6 =
12 : 6 =
36 : 6 =

3

4 Sportfreunde treffen sich regelmäßig im Fitnesscenter. Ein Freund kommt täglich, einer jeden zweiten Tag, einer jeden fünften Tag und einer nur jeden sechsten Tag. Heute treffen sich alle. Nach wie vielen Tagen treffen sie sich wieder?

4

In einem Hafen liegen 4 Schiffe. Sie verlassen gleichzeitig den Hafen. Das erste Schiff kommt immer nach 2 Wochen in den Hafen zurück. Das zweite kommt immer nach 3 Wochen zurück, das dritte immer nach 4 Wochen und das vierte Schiff immer nach 6 Wochen.

a) Nach wie vielen Wochen treffen sich wieder alle Schiffe im Hafen?
b) Wie viele Fahrten haben die Schiffe bis zum Treffen gemacht?
c) Als die Schiffe wieder gemeinsam auslaufen, ist noch ein weiteres Schiff dabei, das immer nach 5 Wochen in den Hafen zurückkommt.

Einmaleins mit 9

1

2

a) Neunerzahlen vorwärts: 9, 18, …

b) Und nun rückwärts: 90, 81, …

1 · 9 =
2 · 9 =
3 · 9 =
4 · 9 =
5 · 9 =
6 · 9 =
7 · 9 =
8 · 9 =
9 · 9 =
10 · 9 =

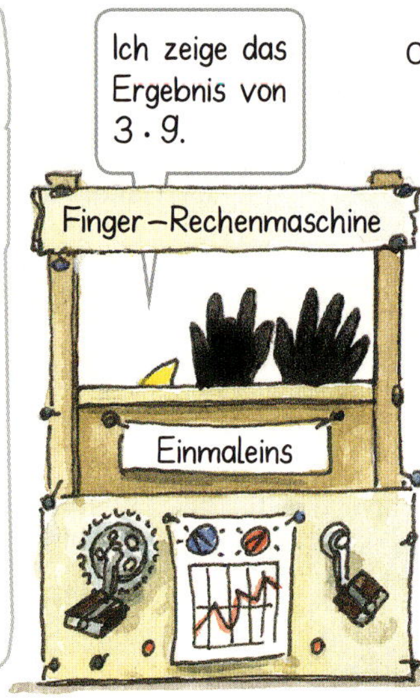

c)	d)	e)
2 · 9 =	5 · 9 =	90 : 9 =
4 · 9 =	2 · 9 =	9 : 9 =
8 · 9 =	7 · 9 =	0 : 9 =
4 · 9 =	4 · 9 =	63 : 9 =
5 · 9 =	4 · 9 =	36 : 9 =
6 · 9 =	8 · 9 =	45 : 9 =
10 · 9 =	10 · 9 =	72 : 9 =
9 · 9 =	1 · 9 =	27 : 9 =
8 · 9 =	9 · 9 =	18 : 9 =

3

a)

b)

c) Es gibt genau 4 verschiedene Malpyramiden, bei denen die Zahl 54 an der Spitze steht.
Finde die Malpyramiden.
Betrachte die Lösungen.
Was fällt dir auf? Schreibe es auf!

2 Die Finger-Rechenmaschine der 9er-Reihe: Es werden die 10 Finger beider Hände betrachtet. Wenn man z. B. den 3. Finger einklappt, kann man links davon 2 und rechts davon 7 Finger betrachten und damit das Ergebnis 27 ablesen.

1

2

a) Siebenerzahlen vorwärts: 7, 14, … b) Und nun rückwärts: 70, 63, …

1 · 7 =
2 · 7 =
3 · 7 =
4 · 7 =
5 · 7 =
6 · 7 =
7 · 7 =
8 · 7 =
9 · 7 =
10 · 7 =

c)
1 · 7 =
2 · 7 =
3 · 7 =

5 · 7 =
6 · 7 =
7 · 7 =

10 · 7 =
9 · 7 =
8 · 7 =

d)
10 · 7 =
1 · 7 =
9 · 7 =

5 · 7 =
1 · 7 =
6 · 7 =

4 · 7 =
4 · 7 =
8 · 7 =

e)
7 : 7 =
35 : 7 =
70 : 7 =

28 : 7 =
56 : 7 =
14 : 7 =

42 : 7 =
21 : 7 =
49 : 7 =

3

Ich denke mir eine Zahl zwischen 50 und 60. Sie gehört zur 7er- und 8er-Reihe.

Ich denke mir Zahlen. Sie gehören zur 6er- und 8er-Reihe.

Paula
Ich denke mir eine Zahl. Sie gehört zur 2er-, 3er- und 4er-Reihe.

Marc
Ich denke mir Zahlen. Sie gehören zur 6er- und 9er-Reihe.

Christiane
Ich denke mir Zahlenpaare aus der 7er- und 9er-Reihe. Bei jedem Zahlenpaar ist eine Zahl um 1 größer als die andere.

Benedikt
Ich denke mir Zahlenpaare aus der 8er- und 9er-Reihe. Bei jedem Zahlenpaar ist eine Zahl um 1 kleiner als die andere.

3 Die Zahlenpaare werden so gebildet, dass eine Zahl aus der ersten Reihe und die andere Zahl aus der zweiten Reihe stammt.

1

2

Löse alle roten Aufgaben. Welche Aufgaben helfen dir?

5·2	5·3	5·4	5·5
6·2	6·3	6·4	6·5
7·2	7·3	7·4	7·5
8·2	8·3	8·4	8·5
9·2	9·3	9·4	9·5
10·2	10·3	10·4	10·5

7 · 2 =

7 · 3 =

5 · 9 =
2 · 9 =

7 · 9 =

8·6	8·7	8·8	8·9	8·10
9·6	9·7	9·8	9·9	9·10
10·6	10·7	10·8	10·9	10·10

2·6	2·7	2·8	2·9	2·10
3·6	3·7	3·8	3·9	3·10
4·6	4·7	4·8	4·9	4·10
5·6	5·7	5·8	5·9	5·10
6·6	6·7	6·8	6·9	6·10
7·6	7·7	7·8	7·9	7·10

3

4

1

1 · 1-Aufgaben lösen

Kernaufgaben zuerst
4 · 7 =
5 · 7 =
6 · 7 =

Kernaufgaben zusammenzählen
5 · 8 =
2 · 8 =
7 · 8 =

Tauschaufgaben rechnen
8 · 4 =
4 · 8 =

Quadratzahlen zuerst
6 · 6 =
7 · 6 =

Kernaufgaben abziehen
10 · 8 =
1 · 8 =
9 · 8 =

Verdoppeln
2 · 9 =
4 · 9 =
8 · 9 =

2

a) Nutze Kernaufgaben oder Quadratzahlen.

6 · 8 =
6 · 9 =

4 · 8 =
4 · 9 =

8 · 7 =
9 · 8 =

b) Setze aus Kernaufgaben zusammen.

7 · 4 =
7 · 9 =
7 · 3 =

9 · 4 =
9 · 6 =
9 · 7 =

c) Rechne die Tauschaufgabe.

8 · 5 =
6 · 5 =
9 · 5 =

7 · 2 =
9 · 2 =
6 · 2 =

d) Wie rechnest du hier?

7 · 6 =
6 · 8 =
8 · 7 =

3 · 9 =
6 · 9 =
7 · 9 =

3

·	0	1	2	3	4	5	6	7	8	9	10
0	0	0	0	0	0	0	0	0	0	0	0
1	0	1	2	3	4	5	6	7	8	9	10
2	0	2	4	6	8	10	12	14	16	18	20
3	0	3	6	9	12	15	18	21	24	27	30
4	0	4	8	12	16	20	24	28	32	36	40
5	0	5	10	15	20	25	30	35	40	45	50
6	0	6	12	18	24	30	36	42	48	54	60
7	0	7	14	21	28	35	42	49	56	63	70
8	0	8	16	24	32	40	48	56	64	72	80
9	0	9	18	27	36	45	54	63	72	81	90
10	0	10	20	30	40	50	60	70	80	90	100

1 Wandzeitung zur Nutzung der Kernaufgaben erstellen.
2 Kernaufgaben nutzen.
3 Einmaleinstafel individuell ausfüllen. Bereits automatisierte Aufgaben grün und noch nicht automatisierte Aufgaben rot schreiben (Kopiervorlage).

1 a) Löse den Zauberstern.

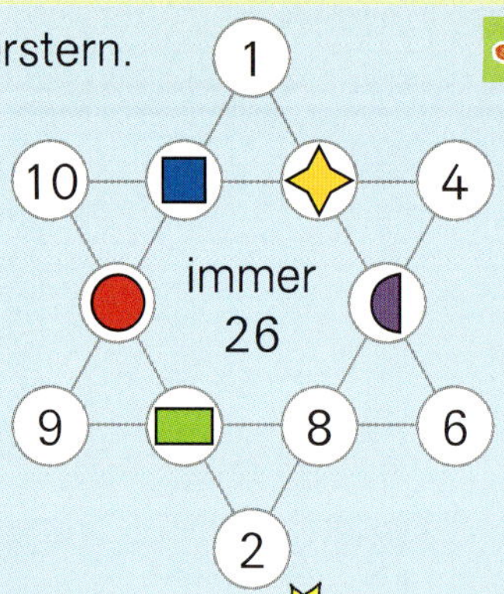

b) Welche Zahl ist falsch?

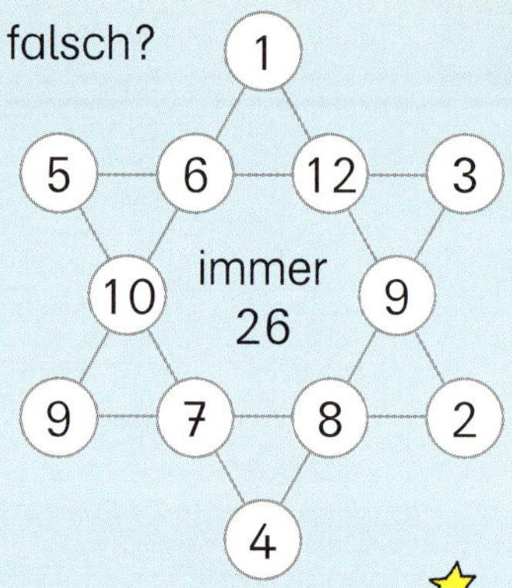

c) Löse durch Probieren.

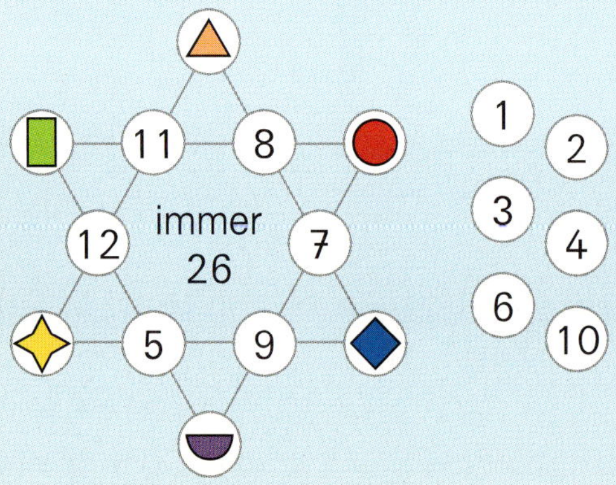

d) Welche beiden Zahlen wurden vertauscht?

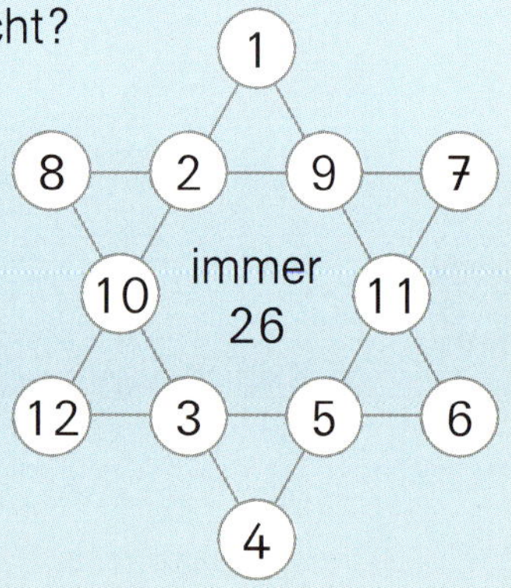

2 An der Fassade der Kathedrale „Sagrada Familia“ in Barcelona findest du ein ganz besonderes Zauberquadrat. Seine Zauberzahl ist 33.

a) Zeichne das Zauberquadrat ab und löse es.

1		14	
	7		9
			5
13	2	3	

b) Zähle die Zahlen in den gleichfarbigen Quadraten zusammen:
1 + ☐ + ☐ + 7 = ☐
Was fällt dir auf?

1		14	
	7		9
			5
13	2	3	

c) Versteckt sich auch hier die Zauberzahl?

1		14	
	7		9
			5
13	2	3	

d) Suche selbst weitere Muster.

1 **Die Summe der Zahlen entlang jeder Linie ist bei den Zaubersternen immer gleich. (Kopiervorlage)**

2 **Die Summe der Zahlen in jeder Zeile, Spalte und Diagonalen ist in einem Zauberquadrat immer gleich.**

1 Setze Zahlen von 1 bis 10 passend ein.
Finde verschiedene Möglichkeiten.

□ · □ + □ = 11
□ · □ − □ = 11

2 · 4 + 3 = 11
4 · 4 − 5 = 11

□ · □ + □ = 22
□ · □ − □ = 22

□ · □ + □ = 33
□ · □ − □ = 33

□ · □ + □ = 44
□ · □ − □ = 44

□ · □ + □ = 55
□ · □ − □ = 55

□ · □ + □ = 66
□ · □ − □ = 66

Schaffst du es auch, wenn du die Zahlen 1, 5 und 10 nicht verwenden darfst?

2

3

Zeit messen

1

Wann vergeht für dich die Zeit langsam, wann schnell? Finde eigene Beispiele.

2

a) Wer in eurer Klasse kann am längsten …
- auf den Zehenspitzen stehen?
- beide Arme ausstrecken?
- bewegungslos sitzen?

b) Wer kann am schnellsten …
- einen Schuh binden?
- die Zahlen von 25 bis 50 aufschreiben?
- die Zahlen von 50 bis 75 rückwärts aufschreiben?

3

Wo ist es besonders wichtig, dass die Zeit genau gemessen wird?

4

Ordne zu. a)……… uhr

a) 

b) 

c) 

d) 

e) 

f) 

Sonnenuhr
Sanduhr
Wanduhr
Eieruhr
Stoppuhr
Radiowecker

1 Über unterschiedliches Zeitempfinden sprechen.
2 Zeitspannen enaktiv direkt vergleichen.
3 Über die Notwendigkeit genauer Zeitmessung nachdenken.
4 Verschiedene Zeitmesser zuordnen.

Sandhur

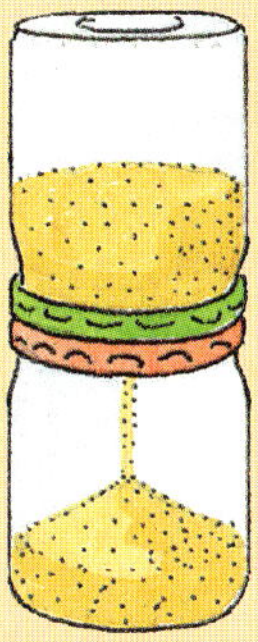

Ihr braucht:
2 gleiche Gläser mit Schraub-verschluss, Kontaktkleber, 1 Nagel, 1 Hammer, feinen Sand (am besten Vogelsand), feste Unterlage

So geht es:

1. Klebt die Deckel der 2 Gläser zusammen.

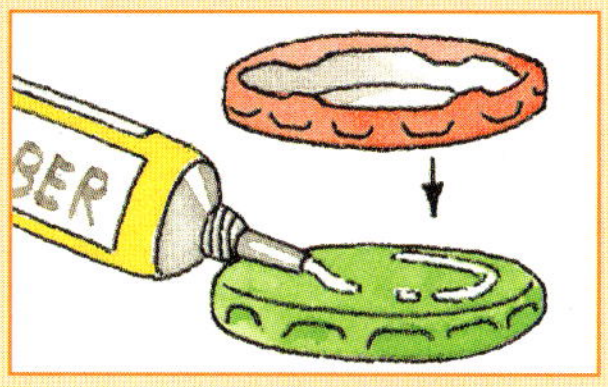

2. Schlagt mit dem Nagel und dem Hammer ein Loch durch beide Deckel. Benutzt dafür die feste Unterlage und lasst euch von eurer Lehrerin helfen.

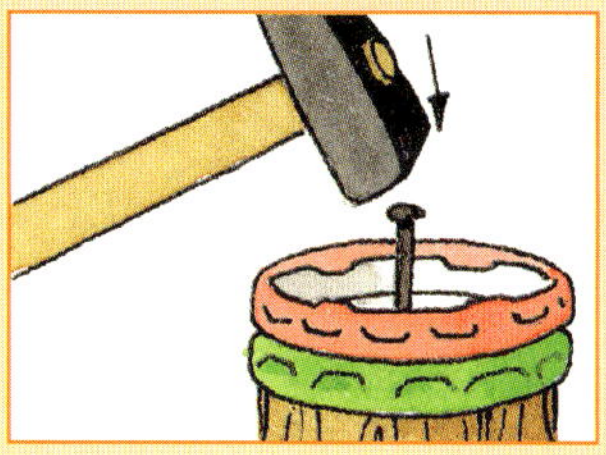

3. Füllt nun ein Glas mit Sand.

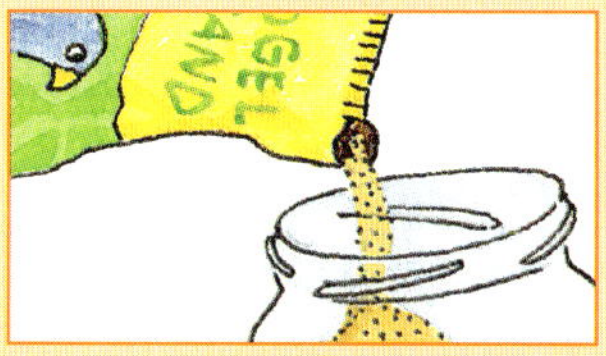

4. Schraubt die Sanduhr zusammen.

Pendel

Ihr braucht:
Stabile Schnur, 1 Gewicht (z.B. Radiergummi, große Schraubenmutter), Schere

So geht es:

1. Schneidet von der Schnur ein 50 cm langes Stück ab.

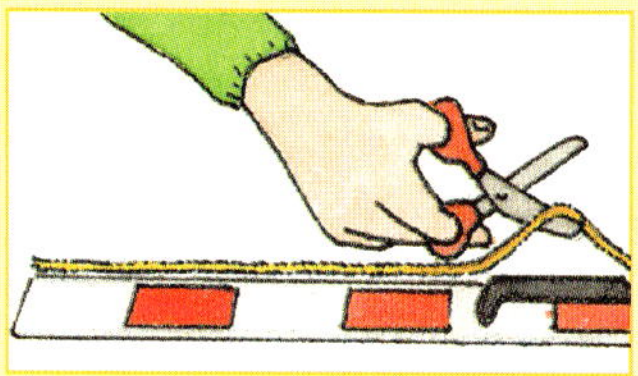

2. Bindet das Gewicht an ein Ende der Schnur.

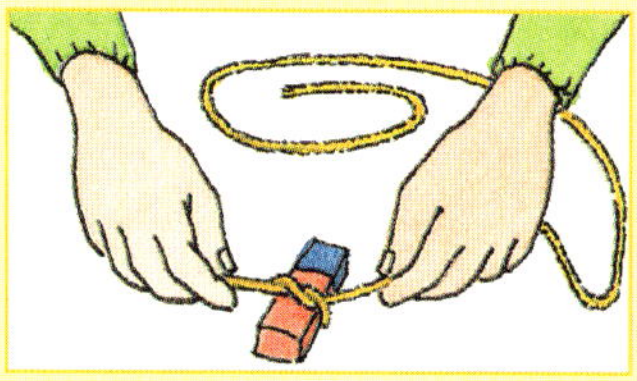

3. Jetzt könnt ihr das Pendel schwingen lassen.

Haltet die Hand, mit der ihr das Pendel haltet, immer ganz still!

1

a) Was passiert, wenn du die Sandmenge veränderst?

b) Verändert eure Sanduhren so, dass sie gleich lang laufen.

c) Miss mit deiner Sanduhr. Schaffst du es bei einem Durchlauf

... das Alphabet aufzuschreiben?

... alle deine Sachen in deine Tasche zu packen?

... einmal um den Pausenhof (um das Schulhaus) zu laufen?

2

a) Miss mit deinem Pendel.

	geschätzt	gemessen
Schuhe binden		
ABC aufsagen		
7er-Reihe aufsagen		
Schultasche packen		

b) Womit würdest du messen? Begründe.

Zähne putzen

Schuhe anziehen

50-Meter-Lauf

Verschiedene Zeitmesser bauen.
1 und **2** Mit selbst gebauten Zeitmessern Zeitspannen messen.

1 b) Die Laufzeit der Sanduhr sollte etwa eine Minute betragen. Zum Eichen: Uhren gleichzeitig starten, auf Zeichen alle Uhren hinlegen und überschüssigen Sand entfernen.

Die Uhr

1 Wie viele Minuten?

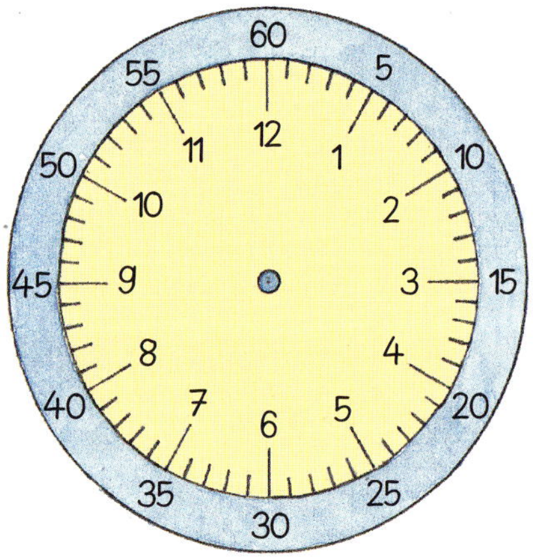

 1 Minute

 5 Minuten

 Minuten
eine Viertelstunde

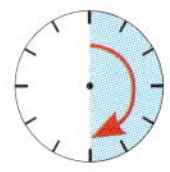 Minuten
eine halbe Stunde

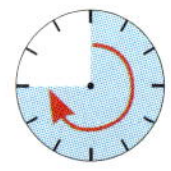 Minuten
eine Dreiviertelstunde

 Minuten
eine Stunde

!!!

Eine Stunde hat 60 Minuten.

1 h = 60 min

2 Max wartet auf Papa.

 Minuten

 Minuten

 Minuten

 Minuten

Nach  Minuten
klingelt das Telefon.
Papa sagt …

3 Stellt eure Lernuhren.
Kontrolliert euch gegenseitig.

12.15 Uhr | 14.20 Uhr | 17.05 Uhr | 10.55 Uhr | halb 7 | Viertel vor 1 | drei viertel 4 | Viertel nach 9

4 Welche Uhren zeigen dieselbe Zeit?

5 Stelle deine Lernuhr und schreibe auf.
Wie spät ist es …

a) gerade auf dieser Uhr?
b) in einer halben Stunde?
c) in 12 Stunden?
d) in 24 Stunden?
e) in 15 Minuten?
f) in 5 Minuten?
g) in einer Minute?

1 Die Zeitspannen am Ziffernblatt mit Hölzchen darstellen. Dabei verschiedene (auch regionale) Sprechweisen anwenden. (Kopiervorlage Lernuhr)

2 und **3** Uhrzeiten auf 5 min genau ablesen und schreiben.
4 Verschiedene Anzeigen zuordnen (Lösungswort finden).
5 Uhrzeiten einstellen und schreiben.

1

2 Schreibe Beginn und Ende ins Heft, berechne die Dauer.

a)

b) 8.00 Uhr —— h min ——→ 12.30 Uhr
14.30 Uhr —— h min ——→ 18.00 Uhr
19.30 Uhr —— h min ——→ 7.00 Uhr

c) 9.00 Uhr —— h min ——→ 15.15 Uhr
16.15 Uhr —— h min ——→ 19.45 Uhr
19.45 Uhr —— h min ——→ 22.15 Uhr

3 Wie lange dauert es?

a) Erstelle eine Tabelle und trage zu Hause Beginn und Ende der Tätigkeiten ein.

	Beginn	Dauer	Ende
zu Mittag essen	. Uhr	h min	. Uhr
Hausaufgaben machen	. Uhr	h min	. Uhr

Hausaufgaben machen
zu Mittag essen
zur Schule gehen
nachmittags spielen
fernsehen
Kinderzimmer aufräumen
duschen

b) Berechne jeweils die Zeitdauer.

1

In dieser Stunde ...
helfen Nixu und Xina
auf dem Reisfeld in ___,
wirft Sascha aus ___
bunte Bälle an die Hauswand,
lernt Leyla in der ___
das Mischen von Olivenbrei,
macht's in ___ plötzlich Muh,
und auf der Straße steht 'ne Kuh.

Was machst du in dieser Stunde?

2

In Deutschland ist es jetzt 10.00 Uhr. Zeichne Pfeilbilder und berechne die Zeitverschiebung:

Deutschland ⟶ Indien

10.00 Uhr —— ___ h ___ min ⟶ 13.30 Uhr

3

a) Welche Uhrzeit passt zu welchem Land, wenn es in Deutschland gerade 20.00 Uhr ist?

Türkei | Indien | China | Russland

b) Wie spät ist es jetzt gerade in den anderen Ländern?

4

Wohin geht die Reise?

Ingo fliegt mit seiner Familie in den Urlaub. Er muss seine Uhr 1 Stunde vorstellen.

Eda war bei Verwandten im Ausland. Als sie wieder in Deutschland zurück war, musste sie ihre Uhr um 2 Stunden zurückstellen.

Amelie fliegt von Deutschland um 5.00 Uhr ab. Als sie nach 9 Stunden Flug landet, zeigt die Flughafenuhr 20.00 Uhr an.

Herr Klein ist auf Geschäftsreise. Als er zu Hause anruft, zeigt seine Uhr genau 18.00 Uhr. Seine Tochter erzählt ihm, dass es in Deutschland gerade 14.30 Uhr ist.

Die Weltzeituhr betrachten: Über Zeitverschiebung sprechen.

1 Reime vervollständigen.
2 und 3 Zeitdifferenzen berechnen.
4 Rätsel mit Hilfe der Zeitdifferenzen lösen.

27 → : 3 → □ → · 4 → □ → : 6 → □ → · 4 → □ → : 8 → 3

3 → · 9 → □ → + 45 → □ → : 9 → □ → · 7 → □ → − 2 → □ → : 9 → □ → · 7 → □ → − 33 → 9

27 → : 9 → □ → · 8 → □ → : 6 → □ → · 5 → □ → : 2 → □ → · 4 → □ → : 8 → □ → + 95 → 100

100 → : 2 → □ → + 6 → □ → : 7 → □ → · 9 → □ → : 8 → 9

1

a)

·	8	4			
5				45	
7			49		
	72				54

b)

·	3				
4		36			
	24			32	
6			30		48

2

a) 7 · □ = 63
9 · □ = 81
4 · □ = 12
6 · □ = 18

b) □ · 6 = 48
□ · 3 = 27
□ · 8 = 48
□ · 6 = 54

c) 21 : □ = 3
36 : □ = 9
21 : □ = 7
72 : □ = 9

d) 6 = □ : 7
6 = □ : 9
9 = □ : 9
9 = □ : 3

3 Löse durch Probieren. Wo gibt es verschiedene Lösungen?

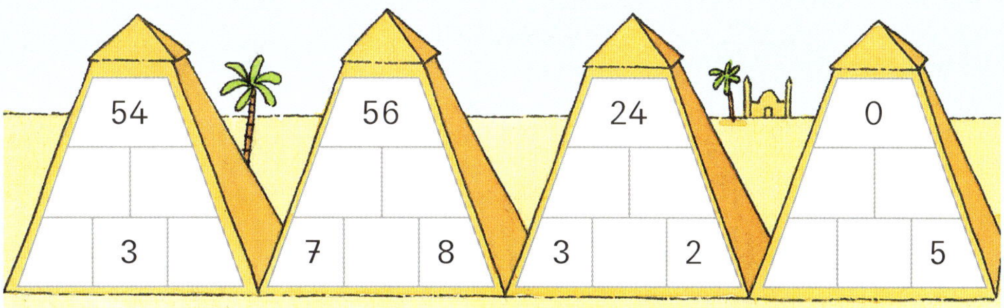

4 **Spiel für 2 Personen: Plättchen drehen**

Ihr braucht:
jeder 6 Plättchen
3 Spielwürfel
1 Hundertertafel

Ziel:
Wer die meisten Plättchen in seiner Farbe auf der Hundertertafel hat, gewinnt.

1	2	3	4	● (rot)	6	● (blau)	8	9	10
11	12	13	14	15	16	17	● (blau)	19	20
21	22	23	24	25	26	● (blau)	28	29	30
31	32	33	34	35	● (rot)	37	38	39	40
41	42	43	44	45	46	47	48	49	50
51	52	53	54	55	56	57	58	59	60
61	62	63	64	65	66	67	68	69	70
71	72	73	74	75	76	77	78	79	80
81	82	83	84	85	86	87	88	89	90
91	92	93	94	95	96	97	98	99	100

So geht es:
Es wird mit 3 Würfeln gewürfelt. Mit 2 Augenzahlen wird zuerst plus oder minus gerechnet. Dann wird mit der dritten Augenzahl malgenommen. Lege ein Plättchen mit deiner Farbe auf das Ergebnis. Wenn du ein Feld deines Mitspielers triffst, kannst du sein Plättchen umdrehen.

4 Das Spiel ist beendet, wenn ein Spieler kein Plättchen seiner Farbe mehr hat. Das Spiel kann auch zeitlich begrenzt werden.

Skizzen und Tabellen erstellen

1 Von einem 10 m langen Baumstamm sollen 2 m lange Stücke abgesägt werden.

a) Wie viele Stücke werden es?

b) Wie oft muss man dafür sägen?

Zeichne eine Skizze.
1 m → 2 Kästchen

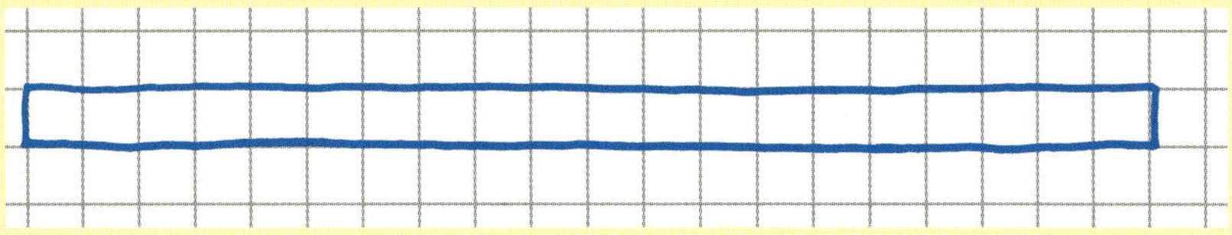

2 Mia hat 5 Muggelsteine mehr als Selma.
Zusammen haben sie 21 Steine.

Wie viele hat jede von ihnen?

Selma	Mia	zusammen
1	6	7
2		

3 5 Mädchen stellen sich nebeneinander auf.
Rechts außen steht Petra.
Zwischen Petra und Vivien steht Dora.
Neben Vivien steht noch Jule und neben Jule steht noch Anne.

In welcher Reihenfolge stehen die Mädchen?

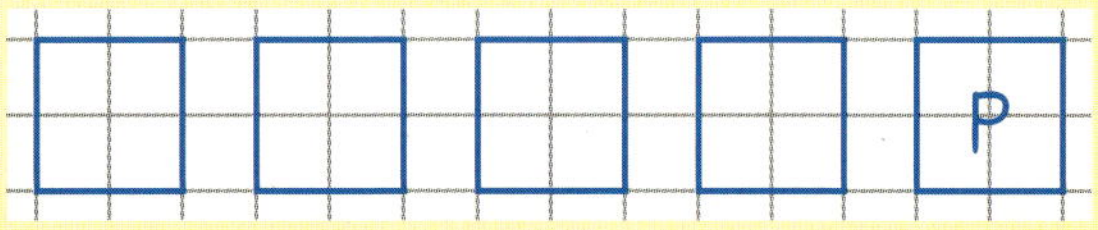

4 Was hilft dir hier?
Wähle eine passende Lösungshilfe.

Marco und Thomas sind zusammen 22 Jahre alt. Marco ist 4 Jahre älter als Thomas. Wie alt sind die beiden Jungen?

Im Bücherregal stehen 4 Bücher. Das Tierbuch steht zwischen dem Indianerbuch und dem Märchenbuch. Ganz rechts steht ein Bastelbuch. Das Märchenbuch steht nicht am Rand. Wie sind die Bücher angeordnet?

An einem 90 Meter langen Gehweg wird alle 15 Meter eine Laterne aufgestellt. Wie viele Laternen werden benötigt?

Die Aufgaben mithilfe grafischer Darstellungsformen lösen.
Die Kinder beschreiben und begründen ihre Lösungswege.

1 Die Kinder der 2a haben Aufgaben zu ihrer Klassenbibliothek geschrieben.
a) Was fällt dir auf?
b) Welche Angaben sind zum Lösen der Aufgaben wichtig? Welche unnötig?

Es gibt 26 Märchenbücher.
Das sind 8 mehr als es Tierbücher gibt.
Wie viele Tierbücher sind es?

Melinda

Ich lese am liebsten in einem der Tierbücher.
Auch die 26 Märchenbücher gefallen mir gut.
Das sind 8 Märchenbücher mehr als es Tierbücher gibt. 6 Tierbücher sind schon über 50 Jahre alt.
Wie viele Tierbücher gibt es?

Christian

Das Regal unserer Klassenbücherei hat 6 Fächer. Ganz unten stehen Tierbücher.
Darüber stehen 15 Indianerbücher.
Märchenbücher gibt es 8 mehr als Tierbücher, nämlich 26 Stück.
Die stehen ganz oben.
Wie viele Tierbücher gibt es?

Toni

2 Oma Müller ist 61 Jahre alt. Sie wohnt seit 34 Jahren in Fischdorf und ist dort sehr beliebt. Zweimal in der Woche kauft sie ein. Heute kauft sie eine Schale Tomaten, 1 Beutel Kartoffeln und eine Sellerieknolle.
Alles zusammen kostet 5 € 75 ct.
Sie bezahlt mit einem 10 €-Schein.

a) Stelle Fragen, löse und antworte.
b) Verändere den Text für jede Frage so, dass er nur die wichtigen Angaben zum Lösen enthält.

Schreibe einen langen Text mit einer Frage. Lass deinen Partner herausfinden, was man alles weglassen kann.

3

Rudi Ratlos
Rudi Ratlos ist 5 Jahre älter als seine Schwester Nele und kann sich nichts merken. Obwohl Nele erst 3 Jahre alt ist, kann sie schon bis 79 zählen. Rudi schafft es gerade mal 7 Zahlen weiter. Rudi hat schon 8 Zähne verloren, hat aber nur 2 weniger als Nele. Sie hat schon 20 Zähne. Wenn sie lacht, dann strahlen sie, weil sie ihre Zähne immer gut putzt. Dagegen Rudi

Wie alt ist Rudi?

Wie viele Zähne hat Rudi zurzeit?

Wie weit kann Rudi schon zählen?

Schreibe zu jeder Frage einen möglichst kurzen Text, mit dem du sie lösen kannst.

Körper untersuchen

1

2

a) Franka hat Körper aus Knete geformt.
Welche entdeckst du oben im Bild?

b) Stelle selbst Körper aus Knete her.
Bei welchen Körpern geht das leicht?

3

Baue diese Körper mit Zahnstochern und Knetkugeln. Vergleiche sie.

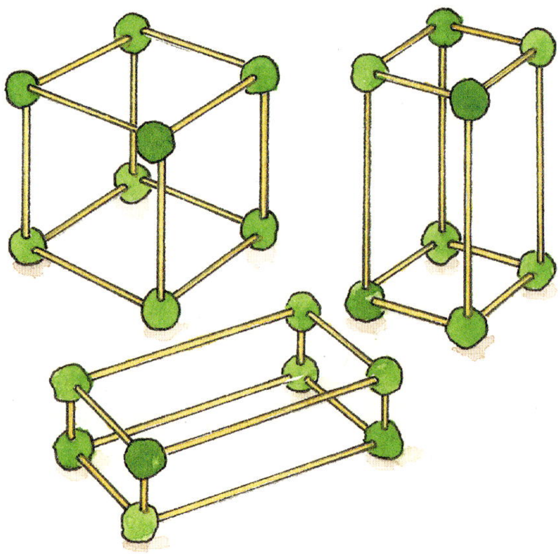

4

Schreibe Gegenstände auf, die wie ein Würfel, ein Quader, eine Kugel oder ein Zylinder aussehen:

a) in der Sporthalle,
b) im Supermarkt,
c) zu Hause,
d) auf dem Spielplatz.

5

3 **Kantenmodelle herstellen. Für die quadratische Säule und den Quader Zahnstocher entsprechend kürzen.**

5 **Gegenstände wie in Aufgabe 1 aus der Lebenswelt ertasten.**

1 a) Baue die 3 Quader mit Streichholzschachteln nach.

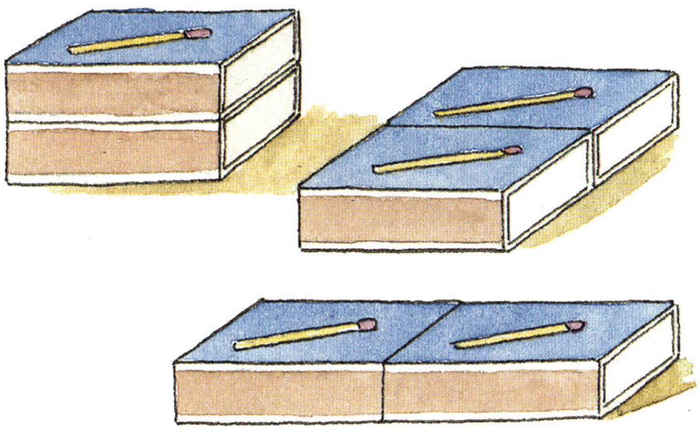

b) Baue alle möglichen Körper aus 3 (und aus 4) Streichholzschachteln. Welche davon sind Quader?

2 a) Baue die 3 Quader mit Würfeln nach.

b) Welche verschiedenen Quader kannst du aus 12 (24, 27) Würfeln bauen?

3 a) Wie viele Möglichkeiten gibt es, um den roten Würfel an die 2 blauen Würfel anzusetzen?

b) Wie viele unterschiedliche Körper erhältst du aus den 3 Würfeln?

4

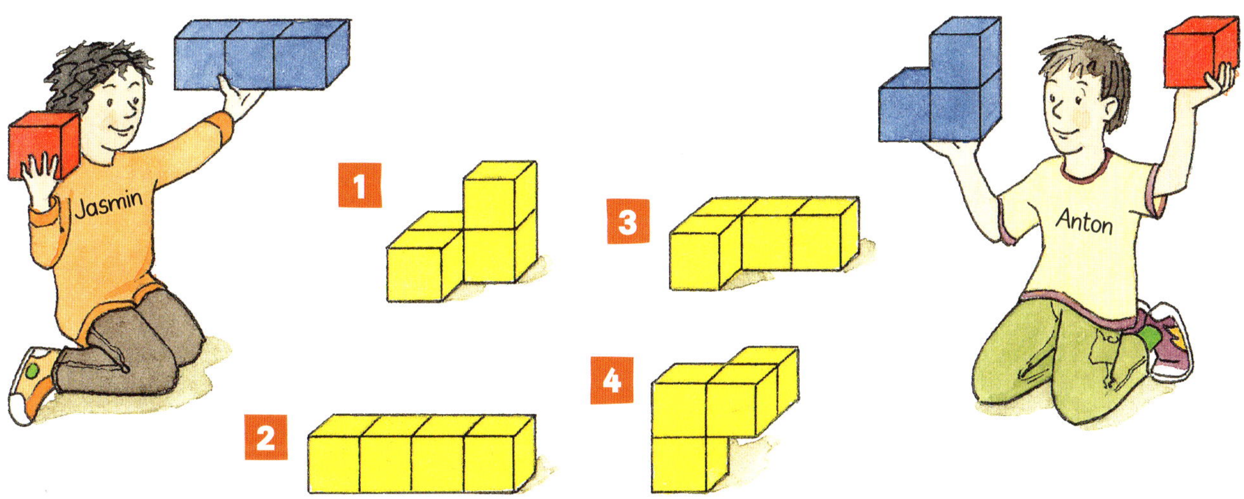

Die Kinder stecken den roten Würfel an ihren blauen Körper.

a) Welche der 4 Körper kann Jasmin bauen?

b) Welche der 4 Körper kann Anton bauen?

c) Es gibt noch 4 andere Körper aus 4 Würfeln. Kannst du alle bauen?

3 a) Auch systematisch vorgehen: Schritt für Schritt den roten Würfel an alle 10 Quadrate des blauen Körpers andocken.

Körper und ihre Spuren

1

Welche verschiedenen Würfelspuren könnt ihr zeichnen, wenn ihr …
a) einen Würfel zweimal kippt? b) einen Würfel dreimal kippt?

2

Woher kommen die Spuren? Überprüfe: Welche Spuren haben einen Fehler?

1 Die Schüler stellen Würfelspuren her, indem sie einen Würfel zweimal (Spuren mit 3 Quadraten) oder dreimal kippen (Spuren mit 4 Quadraten).

2 Die Spuren mithilfe der Buchstaben zuordnen. Richtig sortiert ergeben die Buchstaben falscher Spuren ein Lösungswort.

1

Geht man im Spukhaus durch eine Tür, klappt sie zu. Sie lässt sich nie wieder öffnen.

a) Gehe los bei Eingang (E). Gehe durch alle Türen. Kannst du das Spukhaus durch Ausgang (A) wieder verlassen? Finde verschiedene Wege.

b) Wie viele verschiedene Wege gibt es?

2

Gehe zur Schatzkiste. Suche einen Weg und zähle zusammen:

a) Ergebnis 50 b) Ergebnis 100 c) Ergebnis möglichst klein.

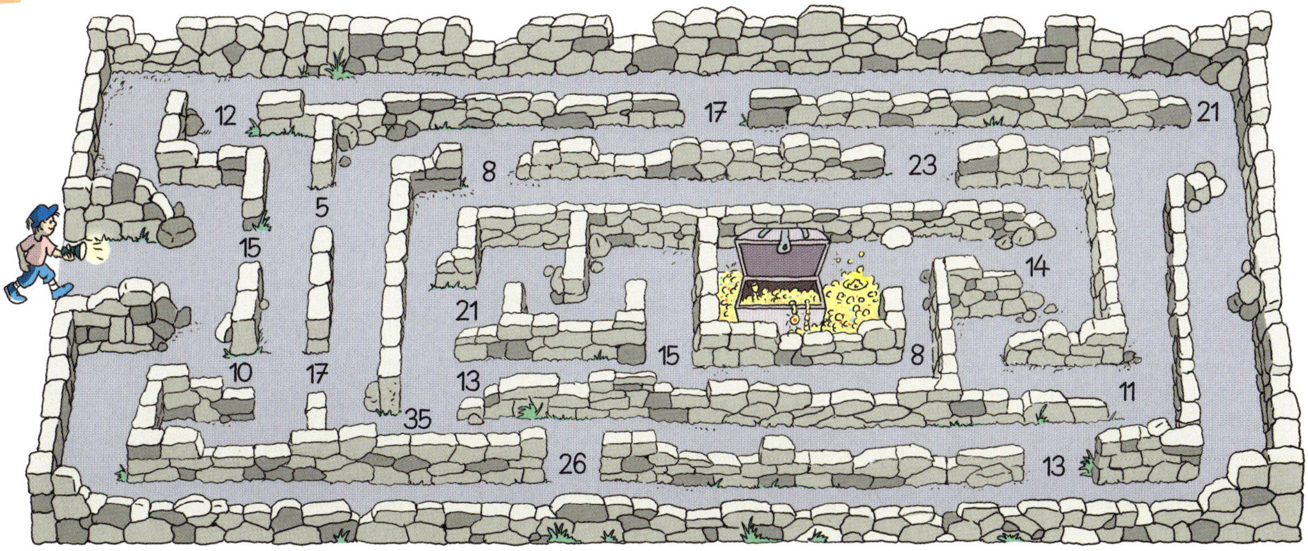

1 **Wege lassen sich systematisch finden, indem man zuerst durch Türen mit möglichst kleinen Nummern geht, also z. B.: E → 1 → 2 ..., statt E → 2 → 1 ... oder E → 3 → 5 ...**

2 **Verschiedene Wege probieren. Die Notation der Aufgaben zeigt den Weg.**

Bauen und schauen

1

Wer hat welches Foto gemacht?

Welche Farben fehlen auf den Bildern?

2 a) Baue nach.

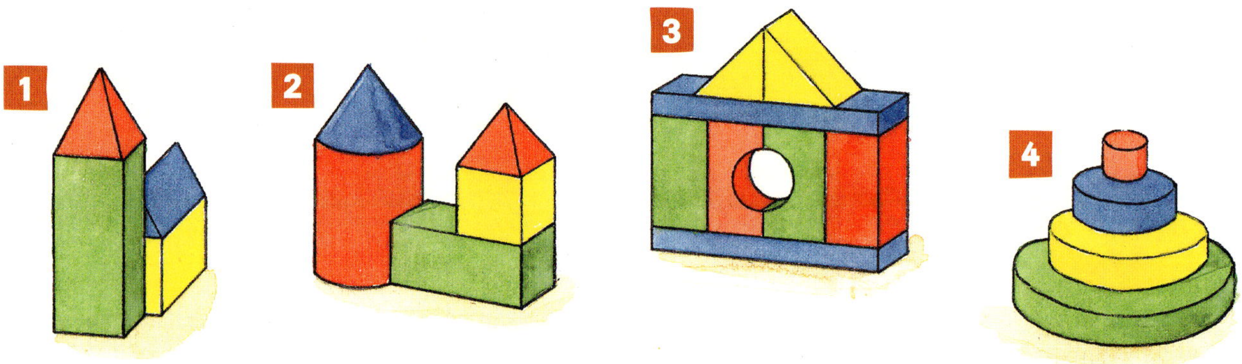

b) Ordne die Bilder den Gebäuden zu. Welche Farben fehlen?

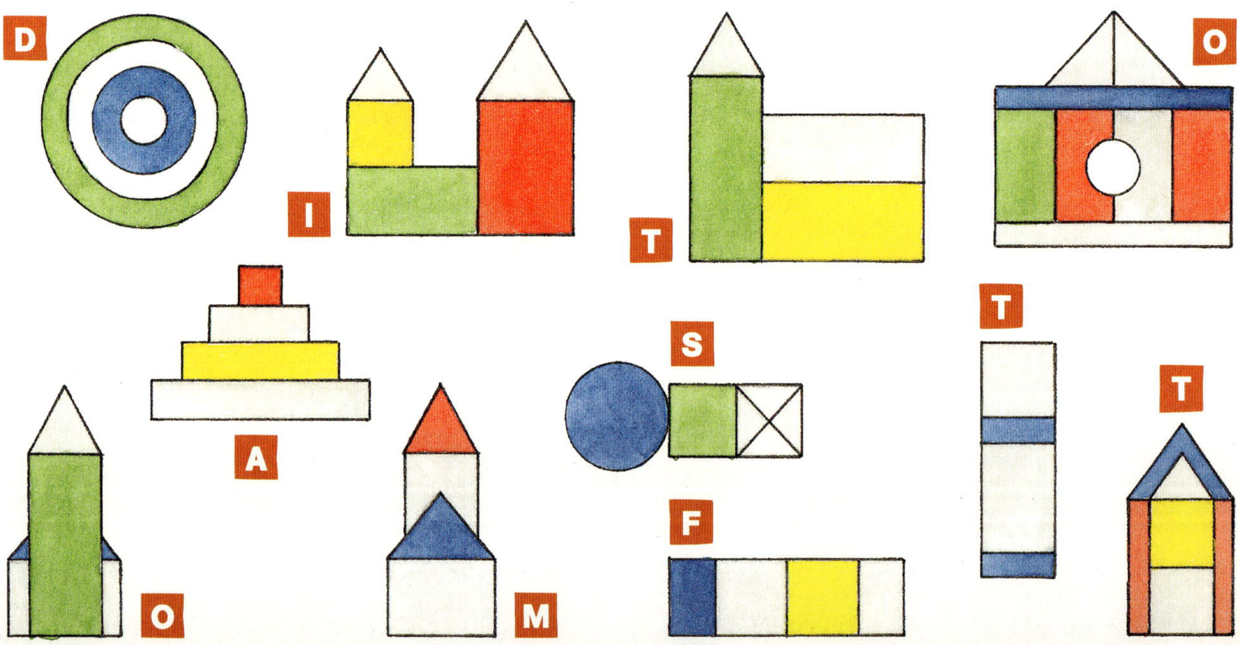

1 **Die Bilder den Aufnahmestandorten zuordnen. Mit Bauklötzen bauen: Die Klötze mittels ihrer Form, Farbe und Lagebeziehungen beschreiben.**

2 **Richtig sortiert ergeben die Buchstaben passender Ansichten einen Lösungssatz.**

1

2 Wie viele Würfel sind es? Schreibe verschiedene Rechnungen.

1

2

3

4

5

6

7

8

16 18 20 24 27

1 Unterschiedliche Betrachtungsweisen führen zu unterschiedlichen Rechnungen.

2 Die Gebäude bei Bedarf nachbauen. Jede Aufgabe mit mehreren Rechnungen lösen und damit selbst kontrollieren.

1

Aus wie vielen Würfeln bestehen die Gebäude?

Gebäude	Anzahl
1	12
2	
3	

2

3

Welche Gebäude gehören zu diesen Bauplänen? Notiere die Lösung im Heft.

Bauplan von Nico

2	2	2	2
2			2

Gebäude Nr.

Bauplan von Pia

2	1	1	2
2	1	1	2

Gebäude Nr.

Bauplan von Nemet

3	1
2	

Gebäude Nr.

Bauplan von Lisa

3
2
1

Gebäude Nr.

2 Verstehen, wie ein Bauplan zu lesen ist.
3 Angeben, zu welchen Gebäuden die Baupläne gehören.

4 Zeichne die Baupläne der Gebäude in dein Heft.

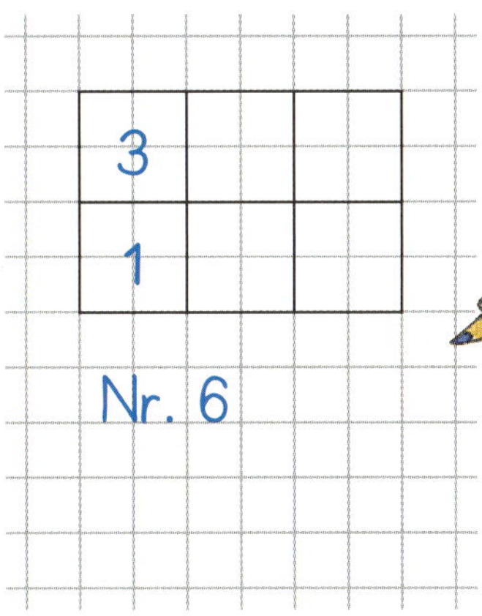

5 Vergleiche.

a) Was haben die Häuser 1 und 3 gemeinsam?

b) Wodurch unterscheiden sich die Häuser 4 und 5 (die Häuser 6 und 7)?

6

1

Paul Klee
Rote und weisse Kuppeln, 1914, 45
Aquarell und Gouache auf Papier und Karton
14,6 x 13,7 cm
Kunstsammlung Nordrhein-Westfalen, Düsseldorf

Wie hat Paul Klee das Bild gestaltet? Welche geometrischen Figuren hat er benutzt?

2

Kimia, Lisa und Marvin haben ähnliche Bilder angefertigt. Gestalte selbst so ein Bild!

freihändig auf Karopapier

mit ausgeschnittenen und aufgeklebten Figuren

mit Lineal und Schablonen

Bilder mit geometrischen Grundformen durch unterschiedliche Techniken gestalten.

Projektangebote

Kartoffeldruck

Du brauchst: 2 große Kartoffeln, Messer, Zeichenblock, Schulmalfarbe

1. Kartoffeln halbieren.
2. Druckmuster schneiden.
3. Druckfläche mit Farbe einpinseln und drucken.

Versuche mit dieser Technik Gebäude mit Kuppeln zu drucken.

Steinfiguren

Du brauchst: 2 – 4 große Kieselsteine, Kleber, Schulmalfarbe, Plüschfell, Kulleraugen

1. Überlege, wie deine Steinfigur aussehen soll.
2. Steine zusammenkleben.
3. Als Steinfigur anmalen.
4. Mit Kulleraugen und Plüschfell verzieren.

Regenstab

Du brauchst: 1 lange, dünne Pappröhre, 25 Dachpappennägel (2 cm lang), Klebeband, etwas Reis, Schulmalfarbe.

1. Die Nägel in die Röhre drücken.
2. Eine Öffnung mit Klebeband verschließen.
3. Reis einfüllen.
4. Die zweite Öffnung verschließen.
5. Anmalen.

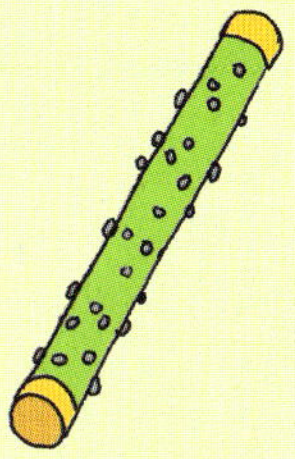

Finde Fragen und rechne.

Kartoffeldruck	卌 卌 I
Steinfiguren	卌 IIII
Regenstab	卌 卌 卌 I

Die Fotografien den Kindern zuordnen. Zur Erläuterung Gebäude mit Holz- oder Steckwürfeln bauen (z.B. Haus mit Turm) und von verschiedenen Seiten betrachten.

Der Totempfahl

1

2

3

Das Indianerzelt

1

2

3

4

Die Bäume

1

2

3

4

Die Schwäne

1

2

3

Teilen mit Rest

1

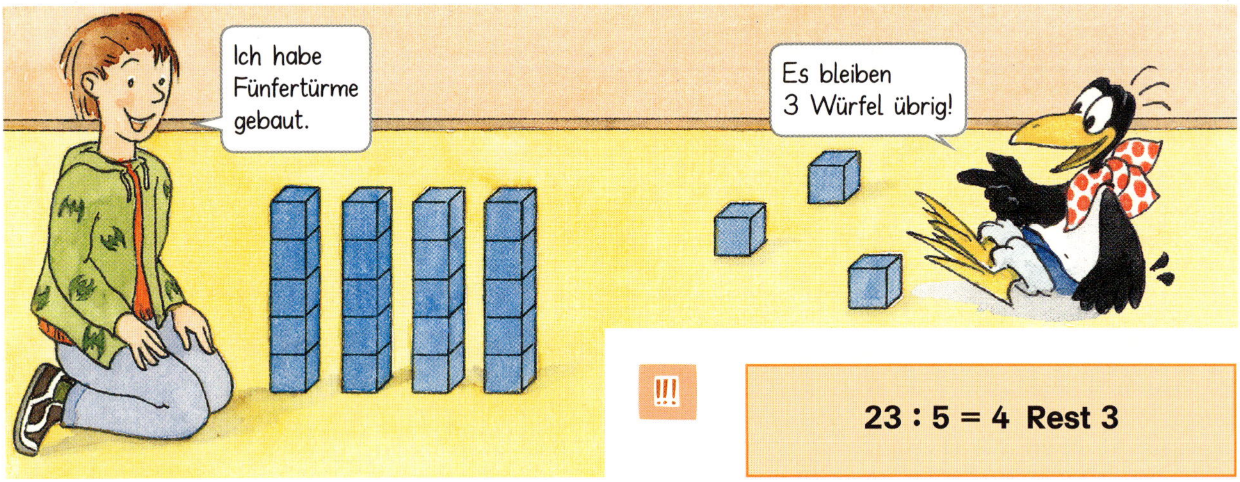

!!!

23 : 5 = 4 Rest 3

2 Wo bleiben Würfel übrig?
Wie viele?

Würfel	Vierer-türme	restliche Würfel	Fünfer-türme	restliche Würfel
14	3	2		
9				
25				
19				
16				

3 Tina hat 33 Würfel.
Sie baut Siebenertürme.

a) Tom hat 64 Würfel.
Wie viele Zehnertürme kann er bauen?
Bleiben Würfel übrig? 64 : 10 = ☐ Rest ☐

b) Anja hat 58 Würfel.
Wie viele Achtertürme kann sie bauen?

c) Paula hat 17 Würfel.
Welche Türme kann sie bauen, wenn zum Schluss ein Würfel übrig bleiben soll?

4 Andrea hat 17 Hölzchen.
Sie legt immer aus 5 Hölzchen ein Haus.

a) Wie viele Häuser kann sie legen?
b) Wie viele Dreiecke kann Andrea legen?
c) Wie viele Vierecke kann Andrea legen?
d) Wie viele Sechsecke?

5

Lege Dreiecke.

13 : 3
29 : 3
8 : 3
21 : 3

Lege Vierecke.

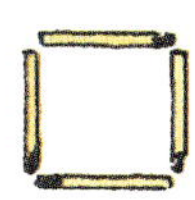

22 : 4
15 : 4
37 : 4
33 : 4

Lege Fünfecke.

28 : 5
19 : 5
46 : 5
30 : 5

Lege Sechsecke.

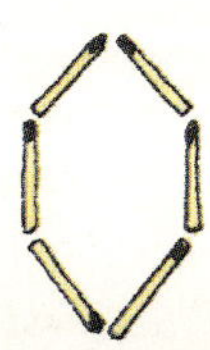

15 : 6
39 : 6
50 : 6
21 : 6

1 bis 3 Einführung der Division mit Rest mithilfe von Bündelungen (Bauen von Würfeltürmen). Wie viele Würfel bleiben übrig?

1

18 : 4 = __ Rest __ oder kurz: **18 : 4 = 4 R 2**

Male Punkte und verteile sie.
Schreibe die Aufgabe auf.

26 : 5 = __ R __
27 : 4 = __ R __
28 : 6 = __ R __
29 : 3 = __ R __

22 : 3 = __ R __
23 : 8 = __ R __
24 : 9 = __ R __
25 : 7 = __ R __

2

a) Anja hat 25 Plättchen.
Sie legt immer 6 Plättchen in eine Reihe.

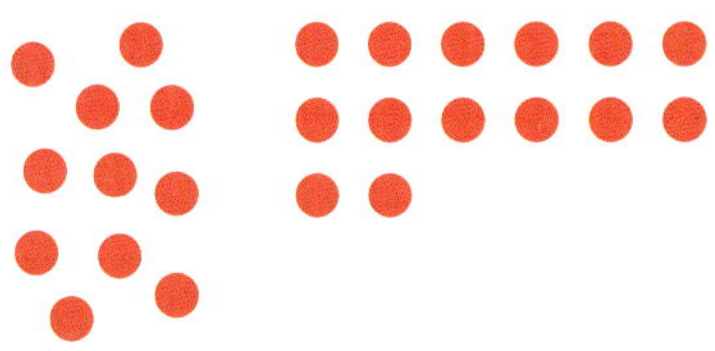

25 : 6

– Immer 7 Plättchen.
– Immer 8 Plättchen.

b) Pia hat 27 Plättchen.
Sie legt immer 8 Plättchen in eine Reihe (immer 9, immer 10 Plättchen).

c) Lisa hat 38 Plättchen.
Welche Reihen kann sie legen, wenn am Schluss 2 Plättchen übrig bleiben sollen?

d) Max legt immer 2, 3 oder 4 Plättchen in eine Reihe. Wie viele Plättchen muss er nehmen, damit am Schluss immer genau eins übrig bleibt?

3

a)
28 : 7 = __ R __
29 : 7 = __ R __
30 : 7 = __ R __
31 : __ = __ R __

b)
13 : 2 = __ R __
24 : 3 = __ R __
35 : 4 = __ R __
46 : __ = __ R __

c)
100 : 9 = __ R __
90 : 8 = __ R __
81 : 7 = __ R __
73 : __ = __ R __

4

Der Kinderhort bekommt 10 neue Radiergummis, 30 Bleistifte und 4 Pakete mit je 10 Buntstiften. Sie sollen auf die 4 Gruppen im Hort verteilt werden.

a) Wie viele Radiergummis bekommt jede Gruppe?

b) Wie viele Bleistifte bekommt jede Gruppe?

c) Wie lang ist ein Bleistift?

d) Wie viele neue Stifte bekommt jede Gruppe?

e) Wie viele Buntstifte bekommt jede Gruppe?

f) Wie viel kostet ein Radiergummi?

Aufgabenfamilien: mal und geteilt

1

2 Schreibe zu jedem Bild 4 Aufgaben.

a) 

b) 

c) 

d) 

3

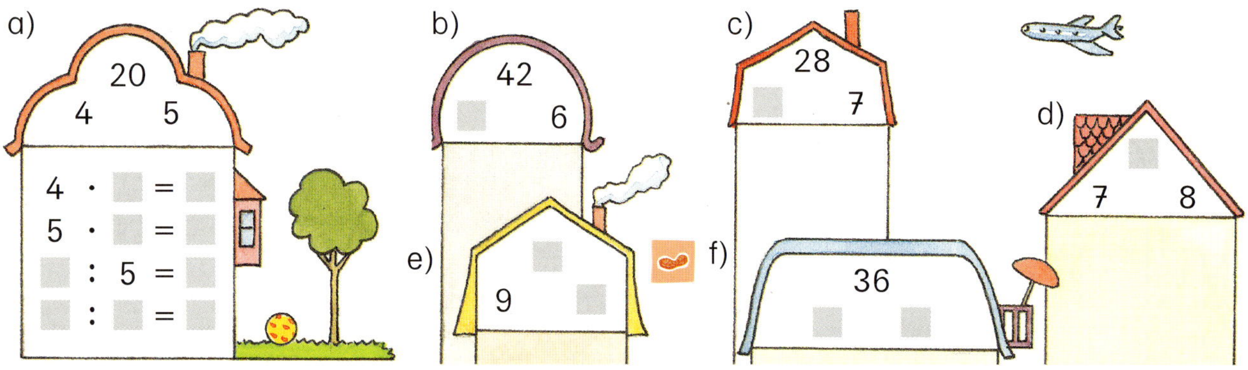

4 Welche Aufgabenfamilien passen?

PEGGY
In meiner Aufgabenfamilie ist die Zahl 56.

MARIE
In meiner Aufgaben-familie sind alle Zahlen gleich.

LOUIS
In meiner Aufgabenfamilie ist die 2. Zahl doppelt so groß wie die 1. Zahl und die 3. Zahl doppelt so groß wie die 2. Zahl.

ERIK
In meiner Aufgaben-familie ist die Zahl 30.

TINA
In meiner Aufgaben-familie gibt es nur 2 verschiedene Zahlen.

Wo gibt es mehrere Möglichkeiten? Finde alle.

1 und 2 Aus einer Sachsituation oder einer Felddarstellung vier zusammengehörige Aufgaben ablesen.

3 Zu einer Aufgabe die anderen Aufgaben einer Familie finden.

1

2 Triff die Zielzahlen.
Wähle geeignete Zahlen aus:

2, 3, 4, 5, 6, 7, 8, 9, 10, 15, 20, 30, 36, 42, 44, 48, 60, 64

a) Zielzahlen: 24 | 12 | 4

□ + □ = □
□ – □ = □
□ · □ = □
□ : □ = □

b) Zielzahlen: 9 | 15 | 26

□ · □ + □ = □
□ · □ – □ = □
□ : □ + □ = □
□ : □ – □ = □

Zielzahl 24:
20 + 4 = 24
44 – 20 = 24
6 · 4 = 24

1 **Gesuchte Zahl(en) gemäß den Angaben im Steckbrief finden und eigene Zahlenrätsel aufschreiben.**

2 **Zu den vorgegebenen Zielzahlen Aufgaben mit Zahlen aus der Grundmenge finden.**

Entdecken an der Hundertertafel

1

a) Einige Zahlen sind blau angekreuzt.
Zu welchen Malaufgaben gehören sie?
b) In welcher Zeile findest du nur ein Kreuz?
c) In welchen Zeilen findest du 2 (oder 3) Kreuze?
d) Wo findest du am meisten Kreuze? Warum?

2

a) Kreise die Ergebnisse der 2er-Reihe rot ein.
b) Kreuze die Ergebnisse der 4er-Reihe grün an.
c) Male die Ergebnisse der 8er-Reihe blau aus.
Was stellst du fest?

1	2	3	4	5	6	7	8	9	10
11	12	13	14	15	16	17	18	19	20
21	22	23	24	25	26	27	28	29	30
31	32	33	34	35	36	37	38	39	40

3

a) Kreise die Ergebnisse der 3er-Reihe rot ein.
b) Kreuze die Ergebnisse der 6er-Reihe grün an.
c) Male die Ergebnisse der 9er-Reihe blau aus.
Was stellst du fest?

1	2	3	4	5	6	7	8	9	10
11	12	13	14	15	16	17	18	19	20
21	22	23	24	25	26	27	28	29	30
31	32	33	34	35	36	37	38	39	40

4

Finde viele Einmaleins-Aufgaben zu diesen Ergebnissen.
Wo gibt es nur eine und wo gibt es 2 (3, 4) Lösungen?

8 100 16 9 81

96 19 4 61 32 5 20

1 Die Ergebnisse aller Einmaleinsreihen in der Hundertertafel markieren. Beobachtungen über Häufungen in den vier Vierteln, Zeilen oder Spalten anstellen.

2 und **3** Beziehungen entdecken.

1 Suche Zahlenpaare auf der Hundertertafel und schreibe die Plusaufgaben.

14 + 15 =

1	2	3	4	5	6	7	8	9	10
11	12	13	14	15	16	17	18	19	20
21	22	23	24	25	26	27	28	29	30
31	32	33	34	35	36	37	38	39	40
41	42	43	44	45	46	47	48	49	50

27 + 37 =

a)

21	22
37	38
49	
26	
	8

b)

24	2	13	35		
34	12			39	

2 Suche zu jedem Ergebnis das passende Zahlenpaar.

a) Immer (zwei Felder nebeneinander)

59 45 24
85 97

59 = 29 +

b) Immer (zwei Felder untereinander)

56 72 28
27 80

56 = 23 +

3 a) Suche kleine und große Quadrate auf der Hundertertafel. Rechne plus über Kreuz.
Was fällt dir auf? Begründe.

13 + 24 =

23 + =

1	2	3	4	5	6	7	8	9	10
11	12	13	14	15	16	17	18	19	20
21	22	23	24	25	26	27	28	29	30
31	32	33	34	35	36	37	38	39	40
41	42	43	44	45	46	47	48	49	50

27 + 38 + 49 =

47 + + =

28 + 38 + 48 =

37 + + =

b) Suche zu jedem Ergebnis ein kleines und ein großes Quadrat.

45 81 99
58 135 189

45 = 17 +

45 = 4 + +

3 b) Zu vorgegebenen Summanden passende 2 x 2-Quadrate oder 3 x 3-Quadrate finden und Zahlbeziehungen erkennen.

Mit Rechenmauern experimentieren

1 Baue Rechenmauern.

2 Experimentiere.

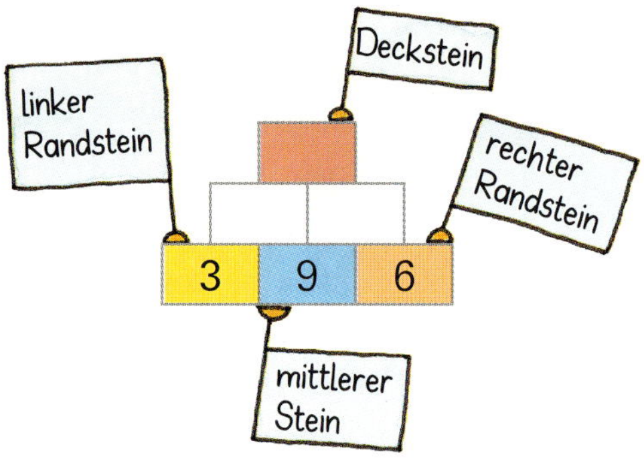

Was passiert mit der Zahl im Deckstein?

a) Vergrößere die Zahl im linken Randstein um 1 (um 2, um 3).

b) Vergrößere die Zahl im mittleren Stein um 1 (um 2, um 3).

c) Vergrößere die Zahl im rechten Randstein um 1 (um 2, um 3).

d) Kannst du das Ergebnis begründen? Schreibe auf.

3 Stimmt das? Überprüfe.

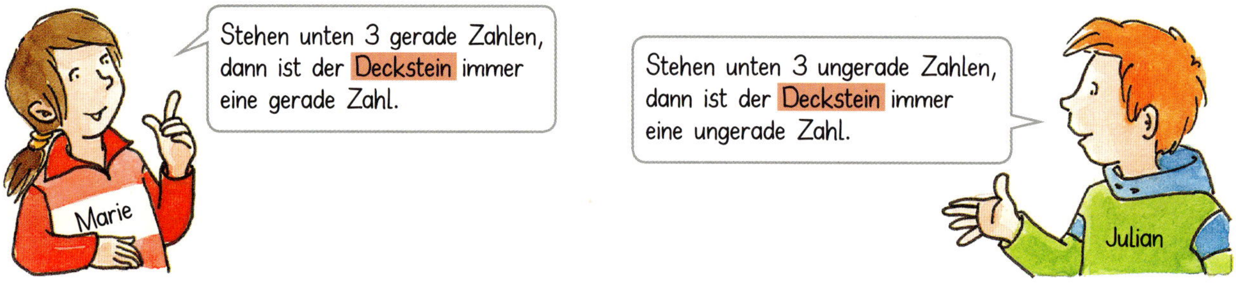

Stehen unten 3 gerade Zahlen, dann ist der Deckstein immer eine gerade Zahl.

Stehen unten 3 ungerade Zahlen, dann ist der Deckstein immer eine ungerade Zahl.

Stehen unten 3 gleiche Zahlen, dann ist die Zahl im Deckstein immer 4mal so groß wie eine der 3 Zahlen.

Stehen unten 3 aufeinander folgende Zahlen, dann ist die Zahl im Deckstein immer genau 5mal so groß wie die Zahl im mittleren Stein.

Steht in den Randsteinen die gleiche Zahl und man tauscht sie mit der Zahl im mittleren Stein, dann ändert sich die Zahl im Deckstein nicht.

In den Randsteinen steht die gleiche Zahl und sie ist halb so groß wie die Zahl im mittleren Stein. Dann ist die Zahl im Deckstein immer 6mal so groß wie die Zahl in einem Randstein.

Stehen unten 2 gerade und eine ungerade Zahl, dann kann die Zahl im Deckstein gerade oder ungerade sein.

Stehen unten eine gerade und 2 ungerade Zahlen, dann ist die Zahl im Deckstein immer ungerade.

1 Aus den 7 Steinen verschiedene Mauern bauen. Mögliche Systematik: In der untersten Reihe zuerst die kleinste Zahl (4) mit allen anderen Zahlen kombinieren, dann die nächst größere Zahl (6), usw. (Kopiervorlage)
2 und 3 Mit Rechenmauern experimentieren (Kopiervorlage).

1

2		4
	1	8

immer 15

Nimm jede Zahl mit 5 mal.

2

	1	2	
7			4
11		5	
0			3

immer 30

Zähle zu jeder Zahl 5 dazu.

3

		12
18	11	

immer 45

4

	16		17
18		15	
19			
	13	9	20

immer 50

Ziehe von den Zahlen in den blauen Quadraten 5 ab.

5

13		
		14
11		

immer 30

6

	19	18	
13		11	
	14		12
20			17

immer 50

Zähle zu jeder geraden Zahl 5 dazu.
Ziehe von jeder ungeraden Zahl 5 ab.

7

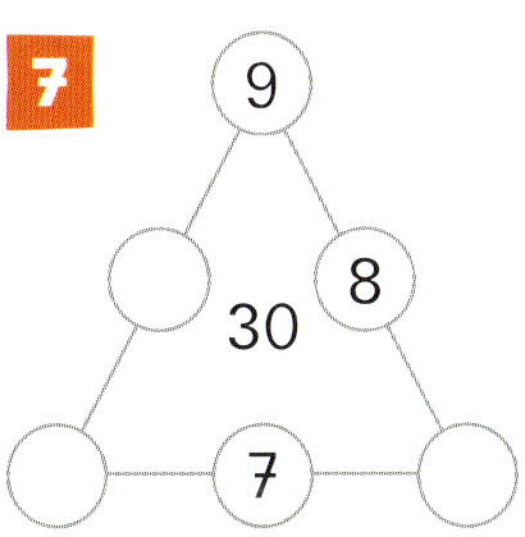

Ziehe von den 3 Zahlen und von der Zauberzahl 5 ab.

8

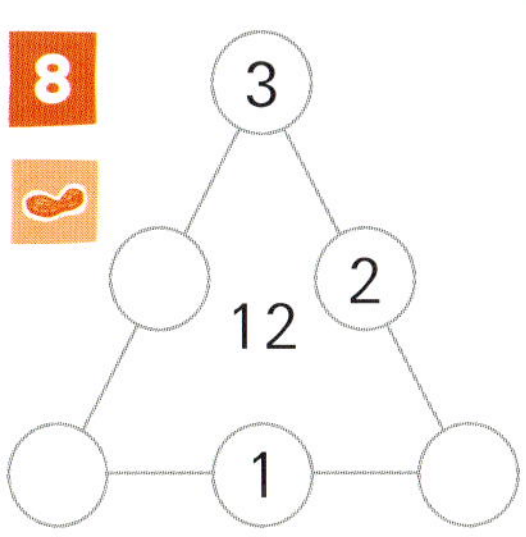

Nimm die 3 Zahlen und die Zauberzahl mit 5 mal.

9

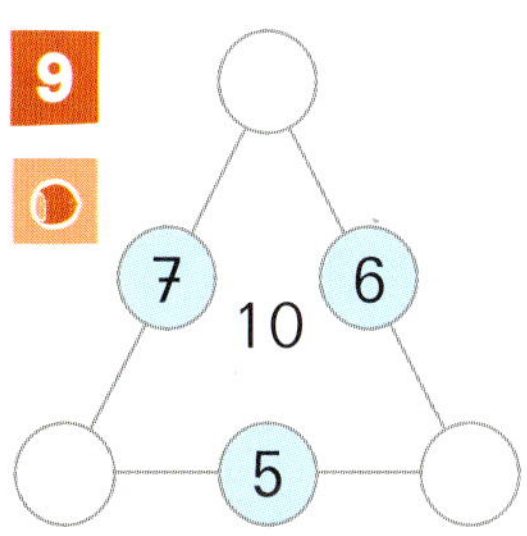

10

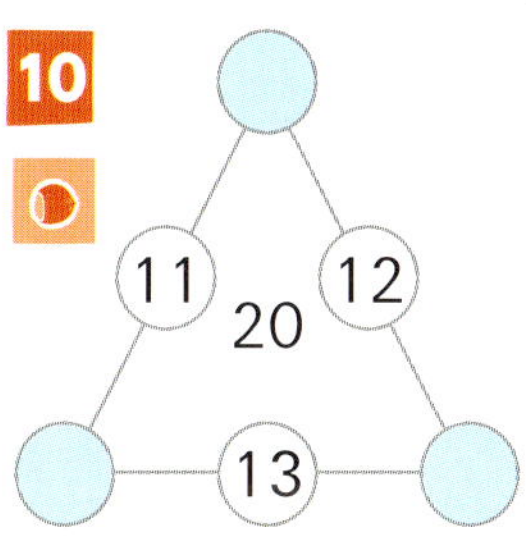

Zähle zu den Zahlen in den blauen Kreisen und zur Zauberzahl 5 dazu.

1 bis **10** Zuerst das Zauberquadrat (bzw. -dreieck) lösen. Dann die angegebenen Operationen durchführen und die Zahlen wieder in einem Quadrat (Dreieck) anordnen.

Überprüfen, welche Gesetzmäßigkeiten vorhanden sind: Handelt es sich auch um Zauberquadrate? Kann man Zauberdreiecke bilden? (Kopiervorlage)

Überlegen, wie viel Obst für den Obstsalat benötigt wird (immer Einheiten zu vier Portionen) und was er kostet.

Berechnen, was möglicherweise an zusätzlichen Kosten für Getränke und Knabbereien hinzukommt.

1

Ergebnisse beim Werfen der Klasse 2

Jungen		Mädchen	
Manuel	21 m	Sarah	17 m
André	20 m	Jasmin	11 m
Bobby	10 m	Sophie	21 m
Orcun	25 m	Jessica	10 m
Lukas	17 m	Olga	9 m
Florian	21 m	Tina	20 m
Sven	18 m	Hannah	8 m
Tarik	9 m	Selina	10 m

a) Wer wurde Klassensieger? Wer wurde Zweiter, wer Dritter?

b) Tina behauptet, dass die vier besten Mädchen besser geworfen haben als die vier besten Jungen. Stimmt das?

2 Orcun hat für seine drei Würfe eine Skizze gezeichnet.

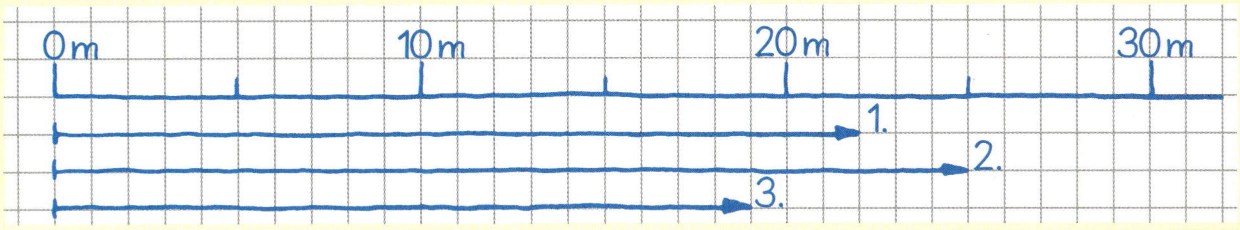

a) Welcher Wurf war sein bester?

b) Vergleiche die Würfe miteinander.

c) Zeichne für die Mädchen oder Jungen der Klasse 2 auch eine Skizze.

3 Vergleiche und ordne die Weitsprungergebnisse.

Ergebnisse beim Weitsprung

Mädchen	
Sarah	2 m 95 cm
Jasmin	2 m 44 cm
Sophie	2 m 10 cm
Jessica	1 m 87 cm
Olga	1 m 90 cm
Tina	3 m 7 cm
Hannah	2 m 56 cm
Selina	3 m 5 cm

4

1

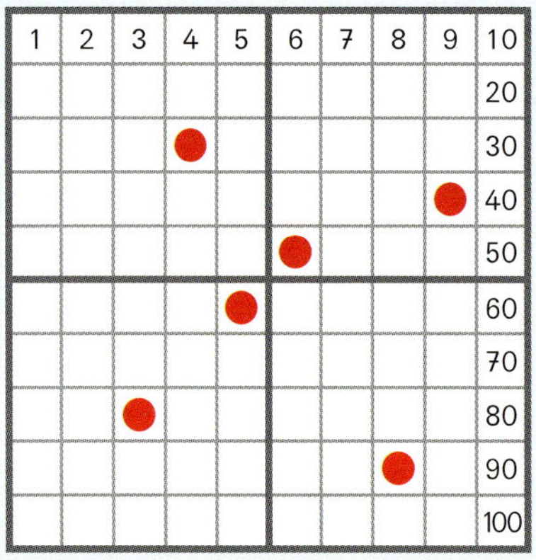

a) Welche Zahlen sind verdeckt? Schreibe so:

2 4 vierundzwanzig

b) Ordne die Zahlen nach der Größe.
c) Gib für jede Zahl Vorgänger, Nachfolger und die Nachbarzehner an.
d) Springe von jeder Zahl aus 2 Felder nach links und ein Feld nach unten. Wo landest du?

2

a)

+	2	7		51	36	
23						52
38			88			
				96		
					55	

b)

−	3	8		32		47
97					38	
80			30			
						17
				39		

3

a) Wie viel fehlen bis 95?

87 40 34 15 26 59 91 7 78

4 8 17 36 55 61 69 80 88

b) Wie viel musst du bis 25 wegnehmen?

96 33 70 81 28 42 53 100 65

3 8 17 28 40 45 56 71 75

4 Setze die Zahlenfolgen fort.

a) 16, 20, 24, …, 48
4, 17, 30, …, 95
b) 83, 77, 71, …, 35
97, 85, 73, …, 1
c) 21, 41, 26, 46, 31, …, 46
77, 57, 72, 52, 67, …, 52
d) 98, 81, 83, 66, 68, …, 8
5, 29, 18, 42, 31, …, 83

5 Notiere zu jeder Malaufgabe:

a) zwei Plusaufgaben.
b) ein Punktebild.
c) die Tauschaufgabe.
d) die Umkehraufgabe.
e) die Aufgabenfamilie.

$5 \cdot 2$ $3 \cdot 6$ $4 \cdot 7$

6 a) Finde viele Malaufgaben. b) Finde viele Geteiltaufgaben.

1 a) Miss die Länge jeder Strecke.

b) Zeichne Strecken in dein Heft.

6 cm | 13 cm | 8 cm | 11 cm | 1 cm

2 a)

8.15 Uhr	Uhr	Uhr
Uhr	Uhr	Uhr

b) Wie viele Minuten fehlen bis zur vollen Stunde?

13:45	10:20	2:05
min	min	min

3 Lea bekommt 10 Euro Taschengeld im Monat. Sie kauft sich davon jeden Monat ein Päckchen Sticker für 2 Euro und Futter für ihre Maus. Das Futter kostet 3 Euro. Das restliche Taschengeld spart sie.
Was passt zusammen? Rechne aus.

1 Wie viel gibt Lea in einem Monat aus?

2 Wie viel Taschengeld spart sie jeden Monat?

3 Wie viel hat sie nach 3 Monaten gespart?

A $3 \cdot 5$ €

U 10 € – 2 €

B $3 \cdot 10$ €

L 2 € + 3 €

E 10 € – 5 €

4 Was gehört zusammen?

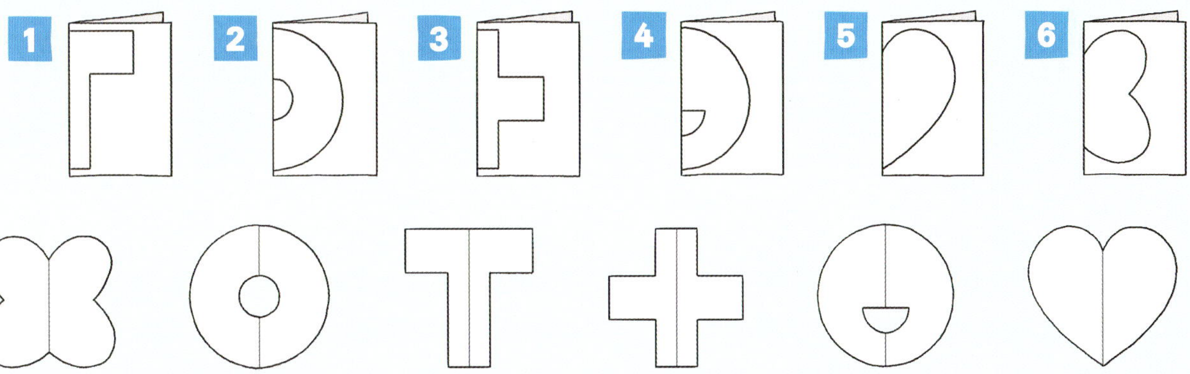

N A F L T E

5 Wie viele Bausteine sind es? Schreibe verschiedene Rechnungen auf.

a)

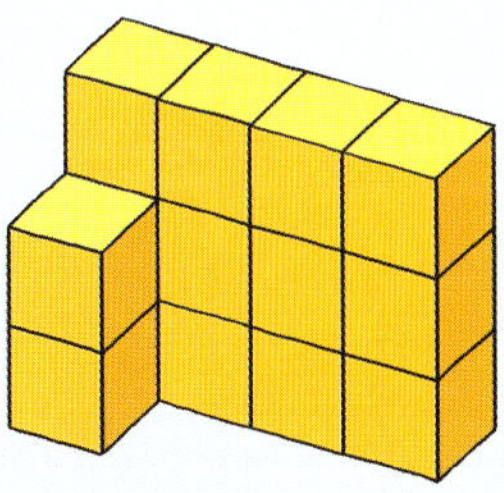

b)

c)

Zahlen

Zahlen bis 100

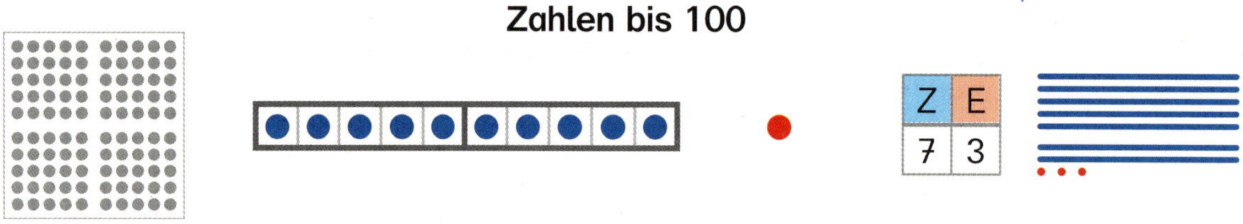

Hunderter Zehner Einer dreiundsiebzig

Rechnen

37 + 24

Anne
37 + 24 = 61
30 + 20 = 50
7 + 4 = 11

Niklas
37 + 24 = 61
37 + 20 = 57
57 + 4 = 61

Tim
37 + 24 = 61
37 + 3 + 21 = 61

43 – 27

Yalcin
43 – 27 = 16
43 – 20 = 23
23 – 7 = 16

Mandy
43 – 27 = 16
30 – 20 = 10
13 – 7 = 6

Kernaufgaben zuerst
4 · 7 = 28
5 · 7 = 35
6 · 7 = 42

Kernaufgaben zusammenzählen
5 · 8 = 40
2 · 8 = 16
7 · 8 = 56

Tauschaufgaben rechnen
8 · 4 = 32
4 · 8 = 32

Quadratzahlen zuerst
6 · 6 = 36
7 · 6 = 42

Kernaufgaben abziehen
10 · 8 = 80
1 · 8 = 8
9 · 8 = 72

Umkehraufgabe rechnen
21 : 3 = 7
7 · 3 = 21

Größen

Geld				
	Cent	ct		
	Euro	€	1 € = 100 ct	Beispiel: 4 € 75 ct

Länge

Zentimeter	cm	
Meter	m	1 m = 100 cm

Zeit

Minute	min	
Stunde	h	1 h = 60 min

Geometrie

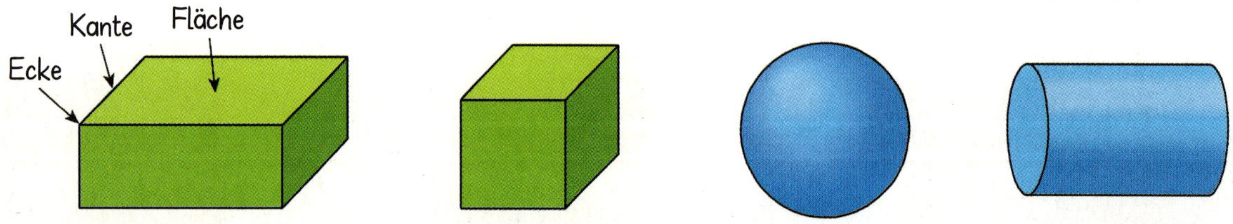

Quader Würfel Kugel Zylinder